大是文化

リモート営業で
結果を出す人の
48のルール

不跑業務的超業

超業行銷顧問，擁有20年遠距銷售MVP經驗

菊原智明——著
林佑純——譯

努力跑客戶就會有業績的時代，已經結束，
想讓業績更快翻倍，你需要
事半功倍的遠距銷售法則！

目錄

第二章 ● 這樣聯繫，客戶會主動想見你

第三章・鏡頭裡的你，是遠距銷售的決勝點

第四章・不跑業務怎麼成交？這些技巧要牢記

第五章 遠距上班，業務主管怎麼凝聚團隊？

第六章 • 偷懶沒人看見，但業績會說話

推薦序一

有價值的關係，來自「有品質的資訊」

臺灣 B2B 業務行銷專家／吳育宏

當全球受肺炎疫情衝擊、實體商業活動走走停停之際，閱讀《不跑業務的超業》一書，真是令我感到心有戚戚焉。這本書彷彿就是為了這一次全球震盪後，業務人員該如何應對而寫的。**作者提到的「不跑業務」，並不是停止與客戶的聯繫，而是在沒有實體拜訪的情況下，透過郵件、電話等方式進行「遠距銷售」。**

當然，作者並非受疫情影響，才開始鑽研遠距銷售的。他在年輕時跨入業務領域，經歷長達七年的低潮，後來轉換銷售模式，業績才大幅突破。其中最主要的改變，就是以「行銷信」來取代傳統的登門拜訪。

事實上，**無論是登門拜訪或線上溝通，我認為，有價值的關係都是以「有品質的資訊」為基礎**。不管你在實體拜訪時，開場氣氛如何熱絡，只要進入正題後，拿不出真材實料的解決方案，任何把酒言歡都沒有意義；相反的，即使你跟客戶沒有機會見面，僅透過文字、視訊溝通，只要你提供的資訊是優質、有建設性的，客戶對你的印象一定很好，不是嗎？

在我輔導的臺灣客戶中，就有許多B2B業務團隊在疫情期間，雖然實際拜訪客戶的次數減少，接觸頻率反而增加，而成功爭取到新的合作機會和訂單。「**即便在最壞的時代，總會有最好的機會存在**。」我是一直這麼認為的。

本書最棒的部分，就是作者以許多案例，引導出業務活動的實務心法。從一開始和陌生人如何破冰，取得對話管道後怎麼一步步推進，一直到解決方案的包裝與呈現，甚至是視訊會議時要特別注意的細節等，都有詳細的說明。業務新人閱讀本書，可以快速掌握業務工作的精髓，而資深主管則可以藉此溫故知新、舉一反三。

而因為作者擔任業務行銷顧問的關係，在日本接觸了各種產業、各種型態的業務人員，書中分享的經驗兼具廣度與深度，是非常值得業務人員學習的一本參考書。

隨著疫苗施打越來越普及，世界各國對疫情的控制能力正逐步提高，我相信人們終將回歸到正常生活。只是，**傳統的業務思維、生意模式已經回不去了**。無效率、無意義的業務活動會被重新檢討，而遠距銷售、遠距工作的模式將越來越盛行。但不管時代如何轉變，我們都要期許自己成為更有競爭力的職場工作者。

推薦序二

雖然遠距，但心要靠近

亞洲賣車女王／陳茹芬（娜娜）

有個笑話，在網路上一度被廣泛轉傳：「是誰推動了你公司的數位轉型：一、執行長；二、科技長；三、新冠肺炎？」

數位化早已不是新觀念，被討論了好多年，其中也包括大家都熟悉的「自媒體」。不管在哪個產業演講，都有人問：「怎麼經營自媒體？」「到底要貼什麼文，才吸引人？」而在疫情發生後，本來習慣面對面談話的，忽然要轉成線上聯絡、線上開會；好不容易能碰面，客戶又被口罩擋住半張臉，很難判別表情線索，讓人更加倍苦惱。

我是從「傳統」時代開始做業務的，對時代變化感受很深。但話說回來，**人就是人，不管外在環境怎麼改變，人性本質都一樣**。比方說，想要被尊重、喜歡被稱讚、希望外表整潔美好，最好男帥女美、不喜歡遲到、討厭沒禮貌的人、不喜歡對方沒做好準備就來談、厭惡推卸責任等。如果拿一張紙，把平常觀察到的人性通則列下來，一邊寫喜歡的，一邊寫討厭的，你會發現不論時代如何改變，其實都差不多。

接下來需要的，就是技巧。

這本《不跑業務的超業》來得正是時候，很細心一步步教你怎麼使用網路工具。我很認同作者菊原智明面對網路時代的心態，正面、開放、有條理，可以幫讀者省下很多摸索時間。

以我個人經驗，對這本書裡的兩個觀念特別有共鳴：

一、訊息要客製化，讓客人覺得你是專門對他講話

數位工具很方便，任何訊息只要按複製、貼上或分享，馬上就能十倍、百倍傳出去，效率超高。在演講場合上，我常會問學員：「你們一天會收到幾個早安、午安、晚安？」講到這裡，大家都笑了。別的不說，光LINE、Messenger和微信，我一天平均會收到幾百個問安訊息；到了過年、元宵、中秋、母親節、父親節、情人節、聖誕節等節日，甚至會到上千個。

再者，客人生日時，一定要發訊息祝賀嗎？回到前面所說的人性本質，一堆罐頭訊息、喜慶貼圖，你記得是誰發的嗎？或者反過來，你記得發給誰了嗎？

我很少湊熱鬧，反而喜歡在平常日，隨機發幾個問候訊息給客人，再不然就是直接打個電話過去——不管打字或撥電話，開頭一定先叫他名字。因為是「冷門時段」，對方很驚訝我怎麼會聯絡，這時候我會說：「沒事啊，只是忽然想到你。」在我的觀念裡，客人就是朋友，朋友也是客人，因此很容易被「朋友們」記住。

二、線上會議時，要注意光線和收音

疫情期間，我不只用Zoom、Webex、Teams等線上會議軟體開公司會議，許多演講也會使用。除了網路訊號、操作介面等，影響感受最大的要算光線和收音。事前務必先測試光線夠不夠亮、要不要用檯燈補個光；聲音方面，**我非常贊同作者建議用附耳機的麥克風，真的比單用電腦或手機收音效果好很多。**

最後，分享一點小祕訣：**以前憑「視覺」判斷客人情緒的經驗，在疫後的遠距環境下，你的注意力有一部分要分給「聽覺」**。無論講電話、線上會議還是面對戴口罩的人們，聽出話語裡的情緒和線索，會是提高你成交機會的新幫手。

推薦序三

遠距，感受也可以很近

JW智緯管理顧問公司總經理／張敏敏

終於有一本書，在遠距時代教大家如何跑業務了！

疫情時代，大大翻轉業務模式。面對面的提案、客戶拜訪、國際參展、實體產品使用解說、商品材質及觸感的體驗，以及更多需要互動才能產生說服力的業務行為，都難以再進行。因此，傳統的超業能力、以前習慣的方法學，需要重新檢視。

本書作者菊原智明原本在豐田土地住宅開發公司擔任業務，利用「業務信」開發客戶——這種以手寫的溫度，為每位顧客創造獨特性的業務手法，臺灣的房仲業也曾掀起一波使用風潮。菊原智明長期記錄業務心得，讓我們得以一窺超級業務的特別手法和心法，這本《不跑業務的超業》，更顯獨特及價值。

我的業務經驗來自實體通路，近幾年網路興起和社群媒體運作，的確給我們這些老業務很大的衝擊。對我而言，網路和遠距對我最大的困擾就是，過去的能力難以發揮。以前，我習慣看著人的臉說話，並且擅長透過人與人的溝通，揣摩對方訊息，再加上我的反應力好，這些能力的加總，帶給我很強大的業務能力。但是，透過Zoom、LINE、臉書，就完全不是這麼回事了。看不到客戶的臉，過去被訓練出的反應力無法發揮，沒有手感，就是我這種老業務的慌。

本書倒是非常精實且不藏私，為「遠距離該如何做業務」提出非常清晰的解答。如同一般業務的基本功課，作者一開始就強調要跟客戶建立信任關係。另外，他也提醒業務應該建立某個領域的知識體系，成為該領域的專家，才更能深化客戶對業務的信任感。同時，在數位時代中，由於必須透過鏡頭畫面、聲音、軟體，間接和客戶應對，因此，遠距時形象營造、整體給客戶的視覺感受，就成為成交的關鍵。

在這本書裡，我自己特別喜歡作者回歸人與人之間的溫度，提醒「手寫」和「個別化」的重要性，也是他在一堆業務和推銷信中，得以脫穎而出的關鍵。**業務工作，不要只是交給AI大數據，再多的電腦和資料，都無法取代人際的柔軟和互動。**

這本《不跑業務的超業》雖然針對業務人員撰寫，但**我認為也很適合需要在遠距環境下工作的人**，比方說需要接應國外客戶或廠商、與國外總公司聯繫的員工，或是跨國企業之間的交流等。同時，**也是目前疫情動盪下，每個工作者都應該學習的新能力。**

遠距，但可以很近。的確，大家要更聰明一點，不要光用腿跑業務，用心和專業經營，業績自然上門。

前言

遠距銷售，讓我從廢柴變頂尖

坊間已有許多關於銷售知識、技術的書籍，但感謝你仍拿起這本書。**本書將簡單扼要說明，當面銷售與遠距銷售的區別**。

在技術層面上，遠距銷售與現場銷售其實有相當大的差異。雖然本質並不困難，但能否確實掌握，可能會形成多達十倍的差距。許多時候，**當面銷售通用的常識，並不適用於遠距銷售上**。

市面上也有不少關於遠距銷售、遠端辦公的書籍，但我有自信，本書最能夠幫助你在遠距銷售中取得實質的成果。我之所以這麼說，是因為**我已經具備了二十年的遠距銷售經驗**。

「咦，遠距銷售不是最近才開始發展的嗎？二十年經驗有點奇怪吧？」有些人可能多少會心生疑慮，因此我先簡單解釋一下這點。

遠距銷售，讓我從最後一名，躍升頂尖業務

大學畢業後，我進入一家房屋製造商，並且被分派到業務部門，但七年的時間轉眼過去，我仍是個做不出業績的「蹩腳業務」。我判斷自己「沒辦法再繼續這樣下去了」，於是將與客戶接觸的主要方法，從現場拜訪轉變為「行銷信」。也就是透過信件，向客戶發送一些有用的資訊。

推銷信是一種傳統的銷售方法，由於不需要實際拜訪也能夠從事業務活動，因此也可以算是一種遠距銷售了。

透過改變銷售方式，我居然取得了亮眼的業績，**從原本的蹩腳業務，搖身一變，連續四年成為公司裡的頂尖明星**。之後，我建立起自己的事業，成為業務行銷顧問。

二〇〇六年，我出版了《連續四年穩坐業務冠軍寶座，不需要跑業務，也能

成為「超級業務員」》（4年連続No.1が明かす訪問しないで「売れる営業」に変わる本）。當時，可以說連遠距銷售的「遠」字都還沒一撇，但確實切中不少業務員「不想外出跑業務」的需求，因此獲得了亮眼的銷售成績。接著又出版了《不用跑業務，也能成為「超級業務員」！「行銷信」的教科書》（訪問しなくても売れる！「営業レター」の教科書）。

大約也就是這個時候，業務第一線開始瀰漫起「不想在跑業務時到處碰釘子」的氛圍。但在業務行銷圈，長久以來就有「至少該拜訪客戶三次」，或是「銷售就是從被拒絕開始」的風氣，實在也難以輕易談論改革。

不用出門，怎麼提升業績？

但近年來，受到新冠肺炎疫情影響，跑業務成了一件難事，許多企業也不得不採取遠距銷售的模式來推動業務。就連習慣昭和年代（按：一九六二年至一九八九年，昭和天皇在位時期）做法的中高階主管，也轉而開始支持「引進遠距銷售」的做法。

在這樣嚴峻的大環境之下，我這麼說可能不夠謹慎，但在我心中，確實浮現「屬於我的時代終於到來了！」的想法。

只不過，業務員們，可別高興得太早。雖然有些人會慶幸「不用在跑業務時，到處碰釘子」，但也有不少人為了「這樣一來，到底該怎麼提升業績？」而感到困惑。

由於想為這樣的業務員們盡一份心力，我選擇成為一名業務行銷顧問。現在，正是身為遠距銷售專家、老鳥的我，理應登場的時候了。

無論在業務員時期，或是成為業務行銷顧問的現在，我都持續推動自己最擅長的技能，也就是遠距銷售的技術。我預測，**今後的銷售型態主流，將會從過去的「拜訪型業務」，轉變為以遠距銷售為主的「內勤型業務」**。

你或許多少會擔憂，如果依照過去的做法，可能做不出好的業績。不過，請儘管放心，靠著遠距銷售突破業績的好方法，都可以在本書中找到。

衷心期盼，你能夠活躍於這個全新的業務時代。

第一章

努力跑客戶
就會有收穫的時代，
已經結束

01 上門拜訪，以後會越來越困難

想靠遠距銷售締造漂亮業績，有件事你一定得先知道。當面銷售與遠距銷售最大的差異，就在於「**遠距銷售必須先取得客戶的認可，才能夠進一步接觸**」這件事上。

仔細想想，這也是理所當然。如果不讓客戶感覺到，跟這個人有見上一面的價值，那無論如何爭取，基本上都很難跟對方見到面。

傳統的當面銷售模式，總是比較容易實際接觸到客戶。

舉例來說，包括以下的「作戰方式」：

- 在辦公大樓的大廳向客戶搭話。

- 按了門鈴之後，朝對講機說聲「不好意思，打擾一下」就在原地等候。
- 在公司前佯裝偶遇，向客戶打招呼。
- 硬是把相關資料送到對方公司的接待櫃臺。
- 在交流會等場合進行推銷。

這些行動，即便沒有獲得對方認可，也能夠營造一些接觸機會。這類模式占了傳統業務活動的大半。

有毅力已經不夠，要有「價值」

過去，有些頂尖業務員會運用他們神乎其技的推銷技巧，促使客戶跟他們簽下合約。

我有位舊識A先生（五十多歲），過去曾活躍於高中棒球校隊，現在則是某家房屋裝修公司的業務員。他的推銷技巧堪稱天才級別，甚至可以只靠手機地圖的即時導航，就在沒有事先聯絡的情況下，到別人家拜訪。

一般來說，有業務員突然前來，大多會被住戶狠狠拒絕。但即使Ａ先生這麼做，也能跟來應門的人瞬間混熟，甚至開始閒聊起來，不用花多少時間就取得對方的信任。

Ａ先生就這樣抓住了不少好機會，順利與許多客戶簽約。這當然不是件容易的事，但有時候，確實靠著毅力就能做出不錯的成績。

但近年來，就連Ａ先生也陷入了苦戰。「在新冠肺炎疫情下，即使主動登門拜訪，住戶也不願意應門，這樣下去到底該怎麼開發新客戶呢？」他為此感到十分煩惱。

我在當業務員的時期，也曾經藉口說：「我在附近看建築施工，順道來打聲招呼。」想盡辦法讓客戶應門。雖然不像Ａ先生進展得那麼順利，但也僥倖獲得幾次機會。

但是，時代已經不一樣了，現在沒有事先聯絡，就想到住家拜訪，根本是不可能的事。就連直接按鈴登門拜訪一般的公司行號，都可能遭到婉拒。

以遠距銷售為主的業務，更難透過這類強勢的做法見到客戶。

實際上，沒有收到安排會面時間的回覆，往後與客戶就很難有交集。也就是說，**如果沒有讓客戶確實感受到「花時間見面的價值」，就很可能連進一步接觸的機會也沒有**。

我曾聽某位業務員說過一句話：「接下來，會是客戶一〇〇%掌握主導權的時代了。」我想，這短短的幾個字就說明了一切。**不只是八〇%或九〇%，要當作業務行銷的主導權，一〇〇%都掌握在客戶手中**。這樣才能採取與過去截然不同的行動，進而因應未來的趨勢。

不跑業務的超業祕訣

讓客戶感受到「花時間跟你見面有價值」。

02 案子成不成，第一封郵件就決定

隨著新冠肺炎疫情擴大，平常能接到的研修課程件數也明顯銳減。這對於身為講師的我來說，自然也造成不小的衝擊。正當我暗自煩惱：「接下來該怎麼賺錢才好？」才發現，線上研修的課程委託件數竟然增加了。

以前的我，從未想像過有機會接觸到遠距研修課程。不過，由於不需要額外準備，也不用交通往來的時間，後來我就接了不少遠距課程的委託。

接著，有一家過去不曾合作過的企業，委託我舉辦線上座談會，並透過遠距會議來討論座談會的細節。我聽了負責人的簡述之後，向他表示我非常希望接下這次的委託。

當時，由於那家企業的需求，與我能提供的遠距銷售技巧不謀而合，因此內

心也期盼著「或許能跟這家企業建立長期的合作關係」。但是，過了一陣子，這個案子的負責人換成更高階的主管，而後續對方寄來的電子郵件，卻似乎把我跟其他講師弄錯了。

因為這樣，一開始在聯絡上就有些尷尬，也算不上有什麼好印象。總感覺對方對我的態度，似乎特別隨便。

或許就是因為這樣的第一印象使然，造成之後聯絡時，總是容易注意到對方的缺點，結果，到最後都無法跟那位主管好好溝通。

在當面銷售時，雖然也需要事前做功課，但整體來說，跟客戶見面之後才是決勝的關鍵。業務員給人的第一印象是非常重要的。

有一句行銷界的名言：「**初次見面時，最初的十五秒就能夠決定一切。**」雖然能在會面時間內爭取客戶的認同，但實際上，從雙方見面那刻開始，就可能決定一切了。

不過，遠距銷售卻是在跟客戶見面之前，從聯絡的細節就足以論定結果。

第一步犯錯，就出局

對於電子郵件回覆迅速，又有禮貌的業務員，客戶也會認為「對方的工作態度應該很認真」；但若是被搞錯名字，或是回覆得比較隨便，就會給客戶一種「這個人應該沒有好好工作」的負面印象。

一旦採取遠距銷售的模式，就會減少跟客戶實際見面的機會。銷售情況就會轉變為：

- 電子郵件往來。
- 短時間線上會談。
- 一次也沒見過面，對方卻願意簽約。

隨著客群增加，一開始的信件或私訊內容，就顯得更加重要了。

換句話說，**遠距銷售要是一開始就犯錯，後續就很難挽回**。所以，請務必細心確認過後，再送出信件或訊息。

請別忘了：遠距銷售在實際見面之前，結果就已見分曉。

不跑業務的超業祕訣

送出電子郵件前，一定要特別細心，再三檢查。

03

先別急著跟客戶約碰面

要將現場銷售轉型為遠距銷售，最困難的點，就在於如何開發新客戶。近年來，常聽到不少業務員表示：「現在很難主動拜訪客戶，不知道該怎麼開發新客戶才好。」

受到新冠疫情的影響，銷售的方式也需要一定程度的改革。

說到跑業務，業務員過去大多會採取以下的行動：

- 主動拜訪客戶，並現場銷售。
- 向前來店鋪的顧客推銷，現場簽約。
- 拜訪老主顧，強力爭取訂單。

這些做法雖然看似老派，但只要實際採取行動，再怎麼樣也能成功簽下幾張訂單。

但是，遠距銷售卻無法靠這樣的「氣魄」來行事，大部分都必須在無法見到客戶的狀況下推銷，進而取得簽約的機會。

銷售市場在這樣的變化之下，就需要特別留意「長期思維」的發展。當面銷售的重點之一，在於與客戶見面時的表現。但**遠距銷售的重點，則在於「不急著與客戶見面」**。

看到這裡，有些人可能會想：「業績都已經難以達標了，現在不是悠悠哉哉說這種話的時候吧？」你的心情我懂，但是遠距銷售要憑「短期思維」來獲得成效，可以說是非常困難的一件事。

重點在於，要在沒有跟客戶實際見面的狀態下，讓對方心裡產生「如果是這個人，約個時間跟他見見面倒也無妨」的想法。

為此，**絕對有必要花些時間來建立雙方的信任關係。**

別急著推銷，先建立互信基礎

舉例來說，今天你主動寄了封電子郵件給目標客戶。一般狀況下，業務員會希望趕快收到客戶的回音，於是會在信裡加幾句這樣的話：

「請盡快與我聯絡。」

「這是三天以內才有的優惠價喔！」

「請盡速下單訂購。」

收到這種信件時，**客戶多半會覺得「唉，又是封推銷信。」別說感謝，可能還會因此降低對該名業務員的信任感。**

這種狀況下，有時會造成「原本只是想打聲招呼，卻被當作是垃圾信件」的狀況。要是內容推銷得太明顯，也容易被系統當成垃圾信，直接掃進垃圾桶。

假如你是消費者，「極力推銷商品的業務」跟「主動提供真正有幫助的內容給你的業務」，你會選哪一個呢？當然會比較想回信給後者吧。

正所謂「欲速則不達」。**想要盡快獲得成果，該做的不是一味推銷商品，而是要花時間與客戶建立良好的信任關係。這才是締造亮眼業績的捷徑。**

遠距銷售，注重的是長期思維。想跟客戶建立互信關係，就必須寄出對客戶真正有用的情報。實際的方法，會在第二章之後進一步詳述。

不跑業務的超業祕訣

第一步，先與客戶建立良好的互信關係。

04 信中要告訴客戶，我可以提供給你這些情報

這是我在當業務員時的往事了。我有位同事O先生，平常特別能言善道，業績表現也相當優秀。O先生天性樂觀開朗，跑業務時很懂得察言觀色，就算是初次見面的客戶，也能憑藉他高超的話術，在幾分鐘之內就與對方閒話家常。即使客戶一開始存有戒心，也會慢慢覺得「這人還真是有趣！」轉眼間就成功破冰。有時，甚至就乾脆的表示：「那就交給O先生你啦！」

當時的我可說是羨慕得不得了，心想：「要是能像他那樣跑業務，該有多輕鬆啊！」

不過，O先生也是比較粗心的人，時常忘記或搞錯客戶的委託細節。但客戶也不至於發脾氣，即使偶爾犯錯，想到是O先生，客戶多半一笑置之，不會

繼續追究。但要是我出現同樣失誤的話，生意可能就談不下去，甚至還可能演變成大規模的客訴事件。

對於像Ｏ先生這種性格爽朗的業務員來說，在現場銷售時，具有壓倒性的優勢。同業的其他業務員，業績多半難以超越這種類型的人。

不過，假如是遠距銷售，情況可就不一樣了。像Ｏ先生這種人的魅力，要是透過視訊畫面，客戶可能連一半也無法感受到。

但是，**即使不具備與生俱來的口才或開朗個性的一般人，透過遠距銷售也能締造亮眼的業績。**

掌握「別人不知道的」情報

能夠靠遠距銷售創造業績，通常是什麼樣的人呢？就是「掌握情報的人」。

掌握情報，其實不等於「擅長解說」。

頂尖業務員不太會主動賣弄商品或服務的相關知識。只要當下判斷「這個場合沒有必要說這些」，他們就會將解說的內容控制在最小範圍，既不會因為沒必要的說明拉長時間，也不讓客戶有太多猶豫的空間。

不過，當客戶希望業務員提供詳細說明時，他們又會鉅細靡遺的，介紹起自家商品或服務的詳細內容。

我有位朋友是某家人壽保險公司的頂尖業務員。只要客戶提出有關商品的問題，他都能馬上回答出來，甚至包括一些可能只有狂熱分子才會知道的情報或細部數據。

舉例來說，假如客戶提到繳稅的話題，他就會明快回答：「就您目前的狀況來說，可能會擔憂是否能申請減稅，我想，只要這麼做就可以解決了……。」客戶聽到他這樣回答，自然就會覺得：「交給這個人辦，應該不會有問題。」

此外，他不僅具備豐富的知識，還有深厚的人脈關係，在任何業界都有認識的人。所以，只要找這位頂尖業務員商量事情，他多半會說：「這樣我心裡有個底了，我幫你聯絡看看吧？」

看到這裡，你可能內心暗忖：「但是，我根本沒什麼人脈可言。」不過，也不一定需要具備各方的人脈關係，像是擅長使用電腦、網路搜尋技巧，或是知道一些風評不錯的店家等，也都屬於「掌握情報」的範圍。

對業務員來說，能建立一定程度的人脈關係是最好的。不過，精通某領域情報的人，也往往深具魅力。

前面已經提過，提供客戶真正需要的情報，是遠距銷售不可或缺的一環，所以，請在信件內容中，積極表現出「我可以提供你這些情報」的態度。

接下來的時代，**如果能提供網路上查詢不到的資訊，必將占有優勢。**

不跑業務的超業祕訣

信件中，積極表現出「我可以提供情報」的態度。

05 口才再好，視訊設備出問題也是白搭

你聽過「數位落差」這個詞嗎？數位落差指的是，人與人之間活用資訊及通訊技術的差異。在遠距銷售時，其中的差距會直接顯現在銷售成果上。

換個說法，提到「數位素養」的高低，可能你多少會有印象。所謂數位素養，是使用電腦或智慧型手機等數位裝置或應用程式的知識及能力。

正如各位所知，遠距銷售會使用到 Zoom 或 Microsoft Teams 等視訊會議軟體，來進行商務會談。所以，**數位素養較高、能活用數位工具的人，也就比較能夠在遠距銷售中締造出亮眼的業績**。

另一方面，當面銷售時，則是解說技巧的優劣，左右業績好壞。

美國知名行銷顧問艾瑪．惠勒（Elmer Wheeler）提到行銷基礎時，有句經

典名言：「**不要賣牛排，要賣那滋滋作響的聲音！**」滋滋聲，就是煎牛排發出的聲音。換句話說，行銷重點不用著重在肉質與價格上，美味的聲響和氣味，自然會挑動顧客的食慾。

在行銷的世界中，大多數人想必都曾聽過惠勒的銷售法則吧。許多業務員也為了提升業績，努力精進自己的解說能力。

講得再好，設備出問題也是白搭

當然，遠距銷售如果能夠搭配上優秀的解說能力，那是再好也不過了。但是，如果在視訊會議上解說時，遇到收音太小聲，或是說話聲斷斷續續的狀況，又該怎麼辦呢？

我曾在Zoom上開會時，遇到一個人，他似乎不太習慣Zoom的用法，讓我覺得還滿可惜的。可能是他的麥克風設定出了問題，就算我這邊調高音量，還是沒辦法聽清楚他在說什麼，但可以明顯聽到他周遭的聲音，以及鍵盤敲擊聲。

這麼一來，就浪費他原本優異的解說能力了。甚至還讓人完全無法集中在他講話的內容上。

正如以上所述，**業務員在進行遠距銷售時，熟悉 Zoom 等數位工具的操作技巧，甚至比解說能力本身還重要**。雖說需要一些技巧，但其實也沒那麼困難，簡單來說就是習慣上的問題而已。

剛開始使用視訊會議軟體，一定會有些不熟悉的地方，但只要用過幾次，大部分人都能夠順利操作。

建議你可以在和朋友或家人舉辦線上聚餐時，先熟悉一下數位工具的使用方法，會議時比較不會手忙腳亂。

此外，假如遇到客戶不太習慣進行視訊會議，發生聽不清楚聲音等狀況時，也能提示對方：「請點選在畫面〇〇的╳╳圖示，調整一下麥克風的音量。」

還有一些在準備視訊會議時，需要特別留意的重點，詳情請見第三章之後的內容。

請盡量讓雙方在毫無壓力的狀況下，進行視訊會議。

不跑業務的超業祕訣

熟悉 Zoom 等數位工具的操作方式，比解說能力還重要。

06 九成靠準備，一成靠臨場

在建築業界，素有「八成靠準備」的說法。我在當業務員的時候，就常聽職人們表示：「只要好好進行事前準備，工作就算完成八成了。」「八成靠準備，兩成靠臨場。」這個準則不只適用於職人們，也適用在業務員身上。業績優秀的業務員，都經過充分的事前準備。雖然任何人在工作時都會事先準備，但他們的水準跟一般人相比，可說是截然不同。

過去，我曾對於一位頂尖業務員前輩，在事前準備下的工夫而感到驚訝。

當時，我在與客戶見面之前，也花不少時間做準備。我問了客戶許多對新家的細部要求，也和設計人員討論，訂定具體的準備計畫。當完成所有準備工作之後，我暗自期待：「這樣客戶一定會滿意的吧！」

只是，當我將準備的結果呈現給客戶時，對方卻嘆著氣表示：「這好像不是我要的耶。」

我沒有準備其他替代方案，當下也只能回答：「真是不好意思，請再詳細告訴我您的需求……。」如果能爭取到下一次機會倒是還好，但有些客戶可能會回答：「我再聯絡你好了。」之後就消失無蹤。

遇到這種狀況，明顯是因為我的準備不足。畢竟客戶不是建築方面的專家，有時可能無法正確傳達自己所有的需求。當然，部分問題也出在我的問法上。總而言之，想要一次讓客戶滿意，幾乎是不可能的事情。

但要是頂尖業務員出馬，那可就不一樣了。即使是身經百戰的前輩，想要一次就讓客戶滿意，也極為困難。但正由於他深知這點，所以**已經事先準備好「A↓B↓C↓D」的替代方案**。

這樣一來，就算客戶現場提出其他需求，他也能迅速應對，主動拿出另一個方案詢問：「如果這麼做，您覺得怎麼樣呢？」

我只準備了一種方案，前輩卻準備了四種。哪邊會進行得比較順利，應該非常明顯。頂尖業務員，會事先準備好能夠迅速應對任何狀況的方案。

想抓住機會，事前準備多一點

假如當面銷售是「八成靠準備，兩成靠臨場」，遠距銷售則需要更深一層的準備作業，也就是要當作「**九成靠準備，一成靠臨場**」。尤其是在開視訊會議時，要比當面銷售準備更多的替代方案，或是先準備好相關的應對措施，以迅速回應客戶的需求。

在客戶丟出問題時，如果你回答「請您稍等一下」，才開始找資料，那就為時已晚。遠距銷售與當面銷售最大的差異在於，一旦讓客戶等待，那這場賽事就等於已經結束。

能夠在遠距銷售締造亮眼業績的人，在準備工作上都十分慎重。**雖然有些事前準備，在會談時可能根本不會用到，但至少能夠比較安心**。

前面提到，先熟悉 Zoom 的操作方式，其實也是同樣的道理。

請把遠距銷售當作「九成靠準備，一成靠臨場」，只有準備足夠完善的人，才能發現並且抓住機會。

不跑業務的超業祕訣

九成事前準備，也能讓自己安心一點。

07 遠距銷售，客戶下決定的速度會變快

當面銷售時，如果和客戶談著談著，對方表示：「我不太清楚這部分的細節……。」這種時候，你會如何應對呢？

有業務經驗的人，當下應該就知道「機會來了」。

如果沒辦法漂亮回答客戶的提問時，只要先回答：「我蒐集好相關資料，再向您報告。」就構成了下次見面的充足藉口。也就是說，把「作業」帶回家，藉此爭取下次見面的機會。

當面銷售需要多次接觸客戶，才能與對方建立信任關係。為了這個目的，業務員多半不會選擇現場回答，而是藉此向客戶預約下一次見面時間。

但近年來，這種手法越來越難實現。若是改為遠距銷售，就算有「作業」，

客戶大多也只會表示「你再把資料傳給我」，而不見得會約碰面時間。

第一次會談就簽約

在視訊會議中，由於比面對面會談更重視效率，因此更不能含糊回答：「關於這點，我也不太清楚。」**為了在線上即時回答客戶提出的問題，必須預測對方可能會有什麼樣的提問，並且事先準備。**

在這種情況下，客戶通常也會參考資料，事先準備好要提問的重點。

與當面銷售相比，客戶「下決定的速度」會更快。當面銷售需要見三至四次，才能談成的案子，遠距銷售可能一次就定勝負了。

因此，一次透露一點情報的做法，也已經逐漸式微。

此外，隨著談話推進，最終會進入簽約的階段。簽約時，客戶可能會提出一些條件，例如：「如果是這個金額，我們就可以接受。」

當面銷售時，如果遇到這種難以下決定的情況，業務員通常會回答：「關於這部分，我會回公司先徵詢上級的意見。」

假如是需要透過董事會等層級核准的大案子，那倒無可避免。不過，如果是直屬主管就能核准的案件，不妨提前設定各項可能，先徵詢主管意見。

遠距銷售代表有數倍的機會和時間，能與客戶溝通；但這表示，客戶也能輕易諮詢不同的業務員。在你試圖徵詢主管的意見、讓客戶等候時，或許已經有其他公司在旁虎視眈眈。當你思考著：「下次跟客戶談的時候，就好好收尾吧！」對方可能已經被其他公司搶走了。

當面銷售的大致流程是：① 提出條件→② 回公司取得上級同意→③ 準備與客戶簽約。

但遠距銷售則必須**當場判斷能否讓客戶簽約**。因此，流程會轉變為：

① 提出條件。
② 客戶提問。
③ 現場回答。

④簽約。

為此，**建議事先向主管徵詢「能給予的折扣上限」等重點事項**。在不過度推銷的前提下，遠距銷售應該盡量把握與客戶簽約的機會。

不跑業務的超業祕訣

遠距銷售，必須當場判斷是否能簽約。

08

線上會面結束後一小時內，寄感謝函給對方

當面銷售固然重視與客戶會面之後的聯繫，但通常比較著重在見面時的第一印象。只要現場成功抓住客戶的心，即使後續沒有頻繁聯絡，還是可以獲得不錯的成果。

實際上，我也確實見過不少能言善道的業務員。我有個認識的人，就是人壽保險業務員，打從第一次見面起，就親暱的喊我「小菊」，甚至會熟稔的拍拍我的肩膀打招呼。這種溝通方式的接受度，雖然會因人而異，但我也是當場就被他擄獲了。

但是，遠距銷售時，雙方是透過鏡頭會面。比起現場實際見面，業務員給人的第一印象較不深刻。

不過，讓我們樂觀、正向解讀這件事吧。

以前的頂尖業務員，通常會是「給人不錯的第一印象」，或是「懂得在初次見面營造好形象」的人。對不太擅長言詞或是容易怕生的人來說，處境是相當不利的。

但遠距銷售能夠減少兩者之間的差距。以我個人的感覺來說，**在當面銷售時如果有十比一的差距，只要遠距銷售時，在畫面營造等細節多下工夫，就可以縮短至差不多三比一的差距。**

後續只要勤於主動聯繫客戶，不僅有機會與頂尖業務員的業績並駕齊驅，甚至可能在最後逆轉勝。

只有一〇%的人，會主動寄感謝函

在視訊會議後，請務必主動寄信給客戶，感謝對方願意撥冗討論。之後再透過電子郵件或行銷信，寄出符合對方需求的情報。

是否能讓客戶留下好的印象，並且主動提供有用的情報，是讓遠距銷售成功的重要關鍵。

不過，無論是當面銷售或遠距銷售，在會面後仍勤於與客戶主動聯繫的業務員，其實意外的少。

我過去就曾實際做過相關的調查。在某次演講後，我和二十位業務員在休息時間互換名片。來聽演講的人，大部分不會特別想交換名片，因此願意與講師交換名片的人，幾乎都是在心態上比較積極、想努力提升業績的人。

但即便如此，事後主動寄給我感謝函的，只有其中的兩位。這件事確實讓我有些失望。也就是說，只有一〇%的人會選擇這麼做。

後續我也在各種場合進行這項實驗，但數據大致都落在一〇%上下。

順帶一提，由於想進一步了解遠端銷售的實際狀況，前陣子我回覆一些業務員的邀約信，接著與十位以上的業務員進行線上面談，每人大約聊了三十分鐘左右，但之後卻沒有任何一位主動寄感謝函過來。可惜的是，他們本身似乎也對這點毫無自覺。

業績優秀的業務員會認為：「跟客戶見過面之後，不寄封感謝函會覺得很奇怪。」我想，他們正是因為做到這樣的基本功，最終才能締造亮眼的業績。

遠距銷售時，業務員給客戶的印象，主要取決於後續的聯繫手法。令人驚訝的是，十個人裡面，竟然只會有一個人注意到這件事。因此，**請務必記得在線上會面結束後的一個小時內，主動寄感謝函給客戶**。

有數據顯示，人類的記憶在一天過後，會遺失七四%。所以，**選在當天、三天後、一週後、三週後、一個月後，至少就能有五次機會主動聯繫客戶**。

遠距銷售沒辦法當面塑造的第一印象，必須仰賴後續的多次聯繫來建立。只要將聯繫次數增加為過去的五倍，客戶想必也會對你留下深刻印象。

不跑業務的超業祕訣

線上會面結束後，要在一小時之內寄出感謝函。

09

時薪思考已過時，有成果才能拉開差距

靠遠距銷售締造亮眼業績的訣竅，會從下一章之後依序介紹。在那之前，必須先提一下身為業務員，面對工作的一項重要心態。

那就是「避免用時薪制，評斷工作的成效」。

過去，有許多業務員的陋習，是沒事也要加班到深夜，因為這樣才能領到加班費。看一眼辦公室的掛鐘，心裡盤算著：「再留下來幾小時，就有加班費。」因此，有不少人即使工作已經完成，還是會留在公司打發時間。

但在遠距銷售的時代，這種風氣將完全被成果主義所取代。因為遠距銷售的工作時間與內容，全由自己決定。得以躲避主管的目光之後，有些業務員甚至一天只和兩位客戶預約面談。但相反的，也有業務員一天預約達二十位以上。

由於面談數與簽約數成正比，若是面談數高達十倍，最後的簽約數也會有十倍的差距。

看到這邊，有些人可能會覺得「簽約數十倍也太誇張了吧？」不過，其實一點也不誇張，這個說法甚至還可能低估了業界的實際情形。

沒有成果，連一毛錢也拿不到

這是我在一家外資人壽保險公司看到的實例。

那家保險公司的辦公室，位於東京首屈一指的高檔大廈裡。辦公室占一整層樓，每個人的桌面都顯得井然有序。剛走進辦公室的我，不斷驚嘆著：「哇！太壯觀了！」分公司社長主動表示：「我們的業務員，最頂尖和吊車尾的年收入，大約相差百倍。」

以百倍來計算，也就是說，有些人的年收入是兩百萬日圓（按：本書日幣兌新臺幣之匯率，依臺灣銀行二〇二一年十二月公告均價〇．二四元計算，約新臺幣四十八萬元），但有些人的年收入高達兩億日圓。

當然，這裡的百倍代表的不是面談數，而是案件的成交金額。在面談數十倍、成交金額也是十倍的情況下，十乘以十就等於百倍；但如果面談數只有雙倍，成交金額卻高達五十倍，二乘以五十也等於百倍。

無論是哪一種，可能都會讓人懷疑「這種比喻太不合理」。不過，這可不是單純的比喻而已，當我現場得知這樣的狀況，也感到相當驚訝。

這家保險公司完全奉行成果主義，業務員自然不會從時薪去推斷工作的成效。**只要能做出成績，收入沒有天花板；但如果做不出成果，就會連一毛錢也拿不到**。他們的業務員，就是在如此嚴酷的環境之下奮鬥。

不知道你的公司內部，是否有如此大的差距，不過我認為，未來大部分的企業都將導入成果主義。

讓我們再一次樂觀、正向的解讀這件事。

「雖然沒有做出成果，但你已經很努力了。」像這樣以努力作為部分評價的時代，已經過去了。**今後只有拿得出成果的人，才能獲得良好的評價**。

因此，未來必定會越來越需要遠距銷售的相關知識及技能。掌握正確的知識與有效方法，搶先與對手拉開十倍的差距吧。

業務新時代已然展開，讓我們帶著雀躍的心情迎向下一章。

不跑業務的超業祕訣

唯有做出成績，才能拉開差距。

重點整理

- 要讓對方感覺「有跟你見上一面的價值」。
- 一開始的信件或私訊內容，務必要細心確認。
- 別急著與客戶會面，應優先建立信任關係。
- 「掌握情報的人」才能做出好成績，主動寄出對客戶有用的情報。
- 不要迴避數位工具，先從慢慢熟悉開始。
- 遠距銷售重視事前準備，替代方案多準備幾個，別讓客戶等待。
- 把握任何與客戶簽約的機會。為了當下決定，事前請示主管不可少。
- 後續的聯繫，會決定客戶對你的印象。光是寄出一封感謝函，就能拉開與對手之間的差距。
- 將「時薪思考」轉換為「成果思考」，才能在業務新時代勝出。

第二章

這樣聯繫，
客戶會主動想見你

10 讓人完全不想細讀的信件範例

無關乎工作改革法和新冠肺炎疫情，最近幾乎都看不見業務員「上門推銷」的身影了。取而代之的，是逐漸增加的電子郵件面談邀約。

我在個人網站上公開自己的電子信箱，因此每天都會收到許多類似的信件。有空時，我會回幾封信進行面談，但由於數量實在太驚人，大部分的信件都是還未開封就刪除了。

我其實也想過，裡面或許有我需要的服務或商品，但實在很懶得一一打開閱讀。因為大多數信件，都是帶著「亂槍打鳥」的心態寄過來的。

下一頁是很常見、讓人不想細讀的信件範例。收到這種內容的信件，自然不會想回覆對方。

【讓人不想細讀的信件範例】

致負責人

冒昧聯繫，這裡是〇〇股份有限公司，敝姓佐藤。
本次聯絡是為了提供您實際解決商務問題的方法，
使用敝公司服務解決商務問題的案例，共計達 300 件以上，並獲得許多客戶的支持。

企業使用心得及實際案例，請參閱：
https://……

【初期費用 · 首月免費優惠】
目前有初期費用 · 首月免費優惠活動。
同時提供免費演示、免費估價服務、免費資料索取，
詳情請洽：
https://……
0120-000-0000

還請您多多指教。

群組發送，只會被當垃圾信

不僅如此，對方可能連刪除的動作都不需要。就像第一章提過的，這類信件應該會自動分類到垃圾信件匣。

所以，寄件時，要特別留意以下三點。

- 避免推銷性質的標題。
- 不要求對方立即性的回應。
- 明確點出收件人。

提到遠距銷售，大家很容易認為「大量寄件比較有效率」。但想要做出成績來，這種「亂槍打鳥」的做法是行不通的。

即使透過目標客戶清單寄群組信，客戶多半也不會回應。就算運氣好一點，對方點開來看，但在看到內文的瞬間，就會知道：「又是複製貼上。」這樣一來，信件馬上就會被刪掉，或是回報為垃圾信件。

鎖定單一目標客戶，避免亂槍打鳥，才能創造出亮眼的成績。下一節會更詳盡說明。

不跑業務的超業祕訣

鎖定單一目標客戶，別發群組信。

11 讓我忍不住想回信的優秀信件範例

我在收到的邀約信件中，曾發現一封覺得「有點厲害」，讓我忍不住回覆對方的信件。這邊就當作優秀範例來介紹。

信件的內容如下頁，跟第六十八頁的信件有很大差異。這樣的邀約方式，確實會讓我感到心動，多少會想「抽點時間跟對方聊聊」。

遠距銷售有比較容易達成目標的獨特模式，只要選擇正確的方法，其實就能事半功倍；但若是選擇錯誤的方法，往往容易陷入死胡同。簡直就是「天堂與地獄，僅有一步之遙」。

【讓我忍不住回信的優秀信件範例】

致業務支援顧問公司社長

您好，我是〇〇股份有限公司的鈴木一郎。
敝公司專門介紹研修課程給各大企業。
拜見過貴公司的官方網站，因此主動聯絡您。

受到新冠肺炎疫情影響，許多企業的業務員，無法像以前那樣外出拜訪客戶。
在網路上搜尋「不跑業務也能夠推銷」的關鍵字之後，意外連結到貴公司的官方網站。

以敝公司的立場來說，非常希望能夠將您的知識技能，介紹給有相關需求的企業。
如果方便的話，可以占用一下您寶貴的時間嗎？

※ 所需時間大約是 20 ～ 30 分鐘。

還請您考慮回覆，多多指教。

必須讓客戶願意回信

比較一下讓人不想閱讀的信件範例，和剛才的優秀範例，大致會出現以下的狀況：

- 方案Ａ：使用數位工具，給所有收件者寄出同樣的信件。
- 方案Ｂ：在調查過新客戶之後，仔細寄出第一封信件。

【方案A的步驟】

①撰寫信件內容。

②整理目標客戶清單，統一寄出信件。

【方案B的步驟】

①撰寫信件基礎內容。

②使用網路搜尋，過濾出適合的公司清單。

③依該公司特點，適度修改信件內容。

假如覺得「方案A比較理想」，選擇統一寄出信件，後果會是如何呢？你可能很難爭取到理想的業績，甚至還會收到「這家公司老是寄垃圾信件過來」的負評。這是企業、業務員及客戶三方都不樂見的，正是所謂的「地獄」路線。

相反的，如果選擇方案B，又會是什麼樣的結果？**客戶很有可能及時回覆你的信件，並且表達謝意**。對企業、業務員以及客戶三方來說，都是再理想也不過的「天堂」路線。

選擇哪種做法，會對你的銷售結果，帶來非常大的影響。

不跑業務的超業祕訣

信件「客製化」是關鍵。

12 三步驟，讓對方覺得該跟你見面

寄信的目的，在於爭取與客戶面談的機會。

當面銷售十分重視初次見面時的第一印象。但**遠距銷售的關鍵，則是在信件內容給人的第一印象**。要讓客戶在收到信件之後，在第一時間感覺：「這似乎不像是罐頭訊息，或單純的推銷。」

一般來說，客戶不會把一封信完整看完，有時連讓他們打開信件都很難。所以，**重點要放在讓客戶點開信件，並且覺得「我想見見這位業務員」**。

要怎麼做，才能寫出有效提升第一印象的信件內容呢？我會依照三個步驟來進行解說。

①恰到好處的自我介紹。
②寄出信件的動機。
③建立信任感，讓對方感覺值得跟你見面。

展現你的價值，讓客戶覺得該跟你見面

①恰到好處的自我介紹

開發新客戶時，對方可能對你並不熟悉。假如只是「曾經互相交換名片」、「在展場曾見過一次面」的程度，那幾乎等同於不認識。即使曾實際見過面，如果在開頭只寫「我是○○公司的○○」，對方多半也很難回想起來。

因此，**要以「客戶不認識自己」為前提，撰寫信件的內容**。從一開始就完整介紹自己的來歷。

- 公司名稱、所屬的企業或團體。

- 公司的所在地、負責區域。
- 自己的職務、工作內容。
- （依情況決定是否增加）相關資歷、年齡等。

盡可能具體、詳細描述，**至少讓客戶對你的印象，從「不知道從哪來的」，升級成「掌握基本來歷」**。

這部分介紹越是仔細，對方也越有可能覺得「既然都表現得這麼有誠意了，那我就繼續看下去吧」。

②寄出信件的動機

請具體讓客戶知道，自己寫這封信的動機。

收到信件的客戶，通常不知道自己為什麼會收到信，因此請**務必簡潔告訴對方，你寄出這封信件的契機和過程**。

③建立信任感，讓對方感覺值得跟你見面

在這個步驟，最重要的是**明確傳達「自己能提供對方什麼樣的協助」**。

提出過去的工作經驗，向客戶明確提示：「我們可以提供這方面的協助」。

這麼做，除了能**凸顯雙方會面的價值**，**也能展現出你的「獨特性」**。

同時，這樣的信件內容，也比較不容易被客戶當成垃圾信件。

另外，依照客戶性質，你也可以比較強勢的主動提議：「有關○○的事，請您務必抽空聽聽我的經驗。」

只要確實達成這三個步驟，就能夠有效爭取與客戶面談的機會。請參考第七十二頁的範例，撰寫出最合適的信件內容。

不跑業務的超業祕訣

信件中，一定要凸顯跟你見面的價值。

13

電子郵件很方便，但傳統信件是更好的武器

當面銷售大多會直接與客戶電話聯繫，預約面談時間，也就是所謂的「電話預約」。

在我還是業務員的時候，也曾一天之內多次打類似的電話，但是，大部分都預約不到時間，最後徒留空虛的疲勞感。我覺得這種做法效率很差，是最辛苦的一項業務活動。

當時，雖然打了很多電話，但由於我不善交談，直到最後都沒有任何進步。不過，幸運的是，我想到了透過行銷信「用文字傳達」的銷售訣竅。

傳統，也可以是武器

而近幾年，比電話預約更有效率的電子郵件成為主流。以遠距銷售的情況來說，電子郵件幾乎是業務與新客戶接觸的第一首選。不過，我也很推薦寄信和寄明信片。

看到這裡，你或許會想：「現在誰還寄信和明信片？」手寫信或寄送紙本文宣，可能是很傳統的方法，但可以確實寄到客戶手中，並且給對方強烈的良好印象。在現今遠距銷售的時代，絕對足以成為一項強力的武器。

我這麼說，絕對不是要否定數位工具的存在價值。平常當然也可以利用社群網站、電子報、電子郵件等工具，與客戶進行交流。

唯一的問題是，**數位工具目前已經漸趨飽和**。在飽和狀態下，開發新客戶會變得越發困難。

所以，使用傳統寄信、寄明信片的方式，反而能夠凸顯差異。

利用「藍海策略」一決勝負

今天的你，也接收到很多資訊情報吧？

收到廣告信件、滑過社群網站上的廣告訊息等，已經成為我們日常生活中的一部分，每天至少也會收到兩、三百封吧？

這就是所謂的「紅海策略」。

有種說法認為：「即使是紅海策略，也能透過磨練技術而分出勝負」。但是，要在眾多競爭對手中勝出，並且獲得客戶的青睞，這又是極其困難的另一條道路了。

現在，極少人會選擇直接寄送文宣品。十個人當中，只會有一個人寄信或明信片給目標客戶，這種做法就是「藍海策略」。

能做出成果的人，會把目標放在競爭對手較少的「藍海策略」。

現在，你家裡還會收到祝賀的信件或明信片嗎？「經你這麼一說，好像有一陣子沒見過了。」我想，你應該也有這種感覺。這也表示，在藍海策略下，致勝的機率會大幅提升。

假如你和多位業務員見面後，寄來紙本感謝信的業務，和使用電子郵件寄感謝函，哪一種業務會讓你留下印象呢？大部分的客戶，都會對使用紙本信的業務員，留下強烈的印象。

接下來，我會說明如何寄送、書寫手寫信和明信片。

不跑業務的超業祕訣

收到紙本感謝信，會讓客戶留下更深刻的印象。

14 紙本、手寫，更有溫度

我要介紹一位T先生的實際案例，他是我在研修課程中認識的頂尖業務員。T先生會定期寄信或明信片給目標客戶。實際上就是利用寄送紙本的方式，增加更多與客戶的面談機會。

他的做法如下。

首先，**調查目標客戶的地址，寄一封信或一張明信片過去**。現在不少網站都會刊登公司的地址，搜尋一下很快就會找到了。T先生會在那封信或明信片上，寫上「絕對不會讓您吃虧」的字句，為取得面談機會，表達自己強烈的想法。

過幾天後，他會主動打電話預約面談時間。

假如只是在電話裡問：「可以跟您見個面嗎？」大概不會被對方當一回事，

但若是**事先寄信或明信片，就能有效提升對方聽你說話的機率**。

光是這麼做，取得面談的機會，就能夠比一般人高上三倍。

在信件最後，手寫一句話

看完這種方式，或許你會想：「就算想這麼做，也不如想像中那麼容易吧？」確實，手寫信件或明信片，是非常花時間的一件事。

但其實，也不需要全部用手寫。像是「我可以為您提供這些協助，過陣子會直接透過電話向您聯繫，還請多多指教」這類固定的文字，可以利用電腦打字之後印刷出來。

只要**在最後，添加一句手寫的訊息**，例如：「讓我們在Zoom見面吧！」這樣就誠意十足了。明信片寫法可參考左頁的範例。

寄送信件和明信片的時機點，也要與客戶的狀況多加配合。例如，你可以這樣寄：明信片↓電子郵件↓信件↓電子郵件。**以紙本信件與電子郵件相互搭配**，

【「初次接觸客戶的明信片」範例】

〇〇　先生

您好，我是 ABC 股份有限公司，負責高崎北區的業務員菊原智明。

我有一個能夠減輕貴公司營業成本的方案。

數日之後，會經由下方的電話號碼與您聯繫。

還請多多指教。

〒 000-0000 群馬縣高崎市〇〇町
TEL 000-0000-0000
ABC 股份有限公司 高崎營業所　菊 原 智 明

有時也會產生奇效。

正因為數位工具的全盛時代已然到來，反而更要利用紙本文宣的方式，取得面談機會。

不跑業務的超業祕訣

明信片這樣寫：撰寫好固定的文章規格，最後再手寫一句話。

15 「我找到你想要的物件了」，對方就不會無視你

當面銷售時，可以跟客戶說：「因為剛好路過這附近，就順道來拜訪。」

特別是在一般公司的業務項目中，採取「訪視銷售」的業務員應該蠻多的。訪視銷售的意思是，無論客戶端是否有要事，業務員都會主動定期拜訪，並且透過拜訪，將客戶指定的商品送到府上的一種銷售手法。

比方說，像是日本國民動畫《海螺小姐》中三河屋的三郎先生，不時會到海螺小姐家打招呼：「午安，我是三河屋！」祖母聽到就會出來說：「對了對了，你們有沒有味噌和醬油啊？」三郎先生在送貨時，順道拜訪一下附近人家，就會有人跟他訂貨。

這堪稱是「當面銷售」的最佳代表了。

事實上，像三郎先生的銷售手法，我在當業務員的時期也曾經用過。時常主動拜訪目標客戶，跟對方說「由於剛好到附近，順道前來拜訪」。其實，也不是真的有事，就只是想找個藉口去拜訪客戶而已。

由於我當時的主管，下達「一天至少要有十件有效面談（實際與客戶見面談話）」的指令，於是我就靠著這種方式，達成主管的要求。

但是，沒有預約的臨時拜訪，常常在按了客戶家的門鈴後就遭判出局，有時對方還會故意裝作沒有人在家。

不過，即便沒有事先預約，偶爾也會遇到與客戶談得很投機的狀況，進而爭取到簽約機會。

當面銷售可以利用「剛好路過這裡」等藉口，而與客戶接觸，但是遠距銷售就沒有辦法了。這麼一來，也只能考慮其他方式。

有些人可能會想打電話給客戶、探問一下近況，只是這種做法，難度其實更高。明明沒什麼事，卻還特地打電話跟客戶說：「突然想聽聽您的聲音……。」這樣感覺太可疑了。

對方第一次可能還會接你的電話，但沒有意外的話，以後就會被當作拒絕往來戶了。

「找到您想要的物件了」，讓對方主動聯絡你

進行遠距銷售時，該如何掌握與客戶的接觸點呢？

我的建議是這樣：使用前面提過的行銷信等方式，**定期寄給客戶實用的情報資訊**。因為，假如沒有與客戶保持聯繫，很快就會被對方完全忘記了。

最重要的是，在提供客戶所需的情報時，如果透過視訊談話會比較理想，就要藉此取得預約面談的機會。

舉例來說，假如以電子郵件通知客戶：「找到您理想地區的物件了」，對方當然不會無視這樣的訊息，甚至還可能主動聯絡你。

遠距銷售在提供實用資訊的同時，一旦出現客戶所需的情報，就要進一步取得面談的機會。

實用資訊的內容範例，接下來會進一步詳細說明。

不跑業務的超業祕訣

每次現身，都攜帶客戶需要的情報。

16

讓客戶主動問你「有什麼新資訊嗎？」

當面銷售時，有些業務員會主動拜訪，提供客戶一些「有效的協助」。我認識一位食品公司的業務員，他有空的時候，就會到客戶的超市幫忙商品卸貨，因為這樣做，可以有效獲得客戶的信任。

但是，遠距銷售就沒辦法從事這類利用勞動，向客戶伸出援手的行為了。再重複一次，能夠取而代之的，就是寄送實用情報給客戶。而且，不是只有一次而已，兩次、三次不斷的寄，要把這件事當成拍連續劇一樣，延伸出系列作，並寄送給客戶。

行銷信，是建立信任關係時不可或缺的戰略。

建立與客戶之間的信任關係，這件事乍看之下，可能會覺得很花時間。然

而，不可思議的是，你很快就會看見成效。

我本身在當業務員時，從拜訪客戶改成寄送行銷信，大約只需要一、兩個月的時間，就能夠慢慢看見效果。

讓客戶主動問你：「有新資訊嗎？」

發送實用情報給客戶的方法，除了信件、明信片等紙本文宣，舉凡電子郵件、社群媒體等，只要能寄出實用情報給客戶，使用任何數位工具都可以。

舉例來說，你可以提供以下的情報：

- 來自其他客戶的回饋、分享。
- 該如何取得優惠價格。
- 其他令人意想不到的使用方法。

以「來自其他客戶的回饋評價」為例，我蒐集了已經實際交屋的客戶們，入住後面臨不便的經驗談，以及購買後感到後悔的項目等，編輯、整理後，寄給客戶參考。

「把床搬進去之後，就發現寢室根本沒有放床頭櫃的空間了。」

「洗手臺比想像的還要小。」

「廚房的插座太少了。」

類似這樣相關的回饋資訊，對客戶來說是相當有幫助的。

依據販售商品的不同，也可以主動為客戶解說，原本對方沒有發現的使用方法。例如：購買時可以活用補助或紅利點數，讓性價比更高。

無論你所提供的內容是什麼，只要是在其他地方很難獲得的情報，如此一來，每當你傳送資訊給客戶時，對方應該都會很感謝。甚至，還可能會特地主動詢問：「這個月有什麼新資訊嗎？」

和客戶建立起信任關係後，商談就比較能夠順利進行了。

對我來說，**提供實用情報才是最強的銷售手段**，也是現今銷售市場中，不可或缺的一環。

不用想得太複雜，只要嘗試站在客戶的立場思考，什麼樣的情報才是真正能夠幫得上忙的。

不跑業務的超業祕訣

定期發送客戶需要的實用情報。

17
我不賣人情，而是賣最棒的商品

我還在當業務員時，有位同事N先生。N先生的總成交數雖然偏少，但他卻與客戶的關係十分密切。例如，在客戶家吃晚餐，對他來說再自然不過。他甚至還會與客戶一起喝酒，住在客戶家、跟對方一家人去旅行等，相處起來就像家人一樣。

你或許難以想像，但像這樣的銷售風格，以前確實存在。

當時，發生了這樣的一件事：那天是N同事的客戶「上梁」的日子。上梁的意思是，招集十至二十位木匠和工匠職人，一口氣完成建築的梁柱和屋頂等基礎架構。

那棟建築的工法，是以鋼箱堆疊組合而成的「結構工法」，必須在工廠先組裝好各個房間的結構，並設置好窗戶及牆壁之後，再搬運到建造現場，利用二十噸起重機現場進行組合。

盯著施工過程的客戶，嘴裡一直叨念著：「原來房子是鋼骨結構啊？」或是：「原來窗戶跟牆壁都已經蓋好了！」

我站在一旁，深感不可思議，隨即問他：「N先生沒向您說明我們公司的結構工法嗎？」結果客戶回答：「沒有啦，沒關係，我相信N先生。」

這件事讓我感到非常驚訝，畢竟買房是一輩子可能只有這麼一次的大事。我見證了「成交的重點取決於人，而不在於商品」這件事。

能讓客戶信任到這種程度，對於N先生，我由衷感到敬佩。

在那之後，我成為了一位頂尖的業務員。我也曾被信任的客戶說：「我並沒有特別中意你們公司，只是因為菊原先生，才會想委託你們。」

身為一位業務員，沒有什麼比被客戶這麼說還要開心的事了。在當面銷售中，最理想的就是與客戶建立這樣的互信關係。

讓客戶覺得「無論業務員是誰，我都想買！」

那麼，遠距銷售又該怎麼做呢？

雖然不是絕對辦不到，但與客戶之間的關係建立，確實會比當面銷售要來得更有挑戰性。

透過電子郵件或視訊螢幕，能夠進行的交流畢竟還是有限，與客戶之間的關係多少會較為平淡。若加上客戶對商品本身不夠了解，就很難順利簽約了。

先前提過，以電子郵件或行銷信，持續發送實用情報給客戶，目的就是為了同時與對方建立更長期的良好關係。

在提供情報的同時，也必須傳達給客戶以下的重點。

- 自家公司所提供的商品，能夠實現客戶的夢想。
- 強調成本、時間效率等方面的商品優勢。
- 以客觀角度，與競爭對手的商品比較。

能否做出好成績，可以說完全取決於，你是否能讓客戶覺得「無論負責的業務員是不是你，我都會想購買這麼棒的商品」。

不跑業務的超業祕訣

強調自家商品的優勢，讓客戶想購買。

18 你更該重視的，是不會馬上成交的顧客

在我還是業務員時，會透過寄送行銷信給客戶，以維持長期的聯繫，並且延續到成功簽約。

那時候**我最重視的，不是馬上能成交的那兩成客戶，而是具有未來發展性的另外八成客戶**。以策略性質來看，應該要以中長期的客戶為目標。

當時，公司為客戶制定了不同的等級，像這樣：

- A級：持有土地，三個月至一年內可以成交的客戶。
- B級：沒有土地，三個月至一年內可以成交的客戶。
- C級：持有土地，需要經營一年以上的客戶。

● D級：沒有土地，需要經營一年以上的客戶。

公司內部有個「優先聯繫管理表」，必須每週向上級匯報一次。當時，除了我以外的其他業務員，大多以A或B級的客戶，作為優先聯繫的對象。C和D級的客戶，大家則多半會認為「有時間再聯絡就好」。

在這種情況下，我依然持續向C和D級客戶發送行銷信，並且主動聯繫。這樣的策略，最終也讓我做出亮眼的成績。

利用行銷信，持續與客戶保持聯繫，因此建立起一定程度的信任關係，日後在商談方面也會比較順利。也因為競爭對手較少，反而能以更好的條件取得合約，簽約後也幾乎不會有相關的投訴問題。

而且，有些人還會主動介紹新客戶，這樣自然而然就能做出優秀的成績。

假如想以遠距銷售方式，做出亮眼的業績，更是必須瞄準那八成可能具有未來發展性的客戶。

成為客戶的最佳夥伴，他會帶更多客人給你

過去的當面銷售模式，就算只追著那兩成能夠快速成交的客戶跑，也能做出不錯的成績。只要業務員擁有出色的溝通技巧，短時間內與客戶達成共識並簽約，就能在激烈競爭的環境下勝出。

雖然，遠距銷售比以往更容易與客戶接觸，但與此同時，競爭對手也跟著增加了。

況且，當面銷售的說話技巧透過電腦螢幕傳達，效果也會減弱，即便是極有手腕的業務員，也很難輕易達成簽約的目標。

事實上，我就見過曾自豪「我在同業競爭下，從來都沒失敗過」的業務員，在轉為遠距銷售之後，成交率下降很多。他也因此感嘆：「成交真的很難啊！」

在網路全盛時期，網路上的顧客評價，影響力越來越大。

遠距銷售的必要策略，在於爭取客戶的信任，與客戶保持密切關係，甚至讓對方願意介紹家人、朋友、公司同事、同樣興趣的朋友給你。

只顧著經營重點客戶的業務員，將被時代淘汰。**請與客戶建立長期的關係，並以成為對方的最佳夥伴為目標。**

若是希望建立長期關係，就不能只想著利益算計。就我所知，也有不會刻意隱瞞成本及利潤，而因此深獲客戶信賴的裝修公司。不過，我認為只要在許可範圍內如實轉達就可以了。

不跑業務的超業祕訣

以「成為客戶的最佳夥伴」為目標。

重點整理

- 不要一次寄信給大量對象，應該規畫出特定的目標客戶。
- 信件內容「客製化」，讓對方感受你的誠意。
- 撰寫信件的三要點：恰到好處的自我介紹、寄出信件的動機、建立讓對方感到值得會面的信任感。
- 寄送紙本文宣、信件或明信片，與其他競爭者作出差異。
- 定期寄送實用情報，與客戶建立良好的信任關係。
- 「賣人情」的銷售模式已經行不通了，一切取決在能否讓客戶覺得「我想購買這麼棒的商品」。
- 重視客戶評價，長期保持聯繫，以成為客戶的最佳夥伴為目標。

第三章

鏡頭裡的你，是遠距銷售的決勝點

19

想看起來更專業，找書架當背景

遠距銷售中，如果你已經和客戶約定好時間、使用 Zoom 等軟體進行視訊會談。此時，最重要的就是網路訊號。**一定要選在網路連線穩定的地方**，我想，這應該不需要特別說明了吧。

接下來，要特別留意的是周遭環境的聲音。

我在當業務員的時期，與客戶的商談，都是在會議室或展示場的一部分、餐廳、客廳等地方進行。因為會議室是封閉式的房間，不會有周遭噪音的干擾，可以集中精神進行討論。只不過，有時也會有和沉默寡言的客戶聊不起來，讓場面安靜下來的狀況，就比較尷尬了。

因此，我比較喜歡的場所反而是餐廳。周遭人們說話的聲音和使用餐具等的雜音，反而會使商談顯得更加活潑。我覺得比起在完全安靜的環境，在有些許環境音的地方談話，雙方都能比較放鬆。

實際見面時，即使是在有些吵雜的場所，也可以順利談下去。但遠距銷售又會是如何呢？

情況正好相反。**即使只是一點點的噪音，也會妨礙雙方的對話**。

尤其是在家中進行視訊面談時，請盡量選擇離家電用品較遠的地方。避免選在空調、空氣清淨機、循環風扇、其他電腦、印表機、電話、傳真機等會產生聲音的家電附近。還有，也要留意寵物的叫聲。這些日常生活中的小噪音，特別容易使人分心。

當然，面談中也要盡可能避免使用鍵盤打字。

背景，決定你的形象

此外，畫面中的背景也很重要。

你聽過「庫里肖夫效應」（Kuleshov effect）嗎？簡單來說，就是**透過畫面的背景呈現，會決定一個人的形象**。

譬如說，在面談時，對方的背景是亂七八糟的房間，你的感覺如何？你可能會覺得「這個人似乎不能好好管理自己」，而留下負面印象。

雖然，不需要特別整理出一個什麼都沒有，如極簡主義者的房間。不過，把周遭環境整理好絕對是必要的。

最理想的環境，是在簡單的白色牆壁上，裝飾著時尚的畫及照片，大概就像樣品屋的客廳那樣。不過，我個人是以客廳的牆壁和窗戶為背景，營造出一種放鬆而知性的氛圍。

附帶一提，在電視節目中，參與遠距連線的專家們，很多都是以書架為背景。出現在畫面中的書架，也更加襯托出專家的價值。

假如你房間的狀態，實在很難整理到能夠上鏡的標準，那你可以使用虛擬背景（Virtual Background）。

當然，在這種情況下，最好不要選擇休閒感較重的圖樣，請選用適合商務使用的簡單背景。

不跑業務的超業祕訣

噪音和散亂的房間背景，都會影響你的形象。

20 看鏡頭，不要看客戶的臉

如果在會談時，你眼前的業務員卻一次都沒和你對視，你會怎麼想？應該會覺得「他看起來很可疑」吧。

這是我過去面對面進行個人諮詢時，所發生的事情。

對方是位三十多歲的中堅業務員，但是他在與我交談的時候，完全不看著我的眼睛說話。

由於諮詢的目的是為了提升對方的業績，因此我點出他在說話時，不與人對視的問題，而他很驚訝的回應：「我剛才沒有嗎？」

這位業務員只在剛開始商談時，瞥了我一眼，就覺得他是認真看著我的眼睛說話。因此，我提出建議：「請觀察商談對象的整張臉。」過了一段時間，他向我回報：「不單看著對方眼睛，假如連鼻子和嘴角也注意到，更能夠掌握客戶的狀況。」當然，最終他的業績也因此提升。

視訊鏡頭太低，黑眼圈、雙下巴都會跑出來

無論是當面銷售還是遠距銷售，都需要和客戶對視。當面銷售時要看客戶的整個臉，而在遠距時則不要忘了看鏡頭。

為了和客戶對視，**鏡頭的位置要調整成和視線一樣高**。

筆記型電腦放在桌面上的話，鏡頭的位置會變低，無論如何都容易變成俯視角度。你可以拿一面鏡子，放在自己的臉部下方，如此一來，你會發現在視角下降之後，眼睛下方就容易出現黑眼圈。此外，雙下巴、法令紋也變得清晰可見。

這樣不僅浪費了原本的好形象。最重要的是，**從客戶的角度來看，會有「視線居高臨下」的問題**。

你可以改用外接視訊鏡頭，或用電腦支架等方法，來提高鏡頭位置，但如果

覺得麻煩的話，也可以用書籍等物品，墊在筆記型電腦下面調整高度。當然，為了不讓畫面晃動，一定要將電腦固定好。

順帶一提，我個人是使用筆記型電腦支架。選用油壓式的支架，可以上下調整，進行遠距銷售時，我會稍微把支架調高一點。

用檯燈、反光板，幫自己打光

鏡頭照出的畫面，與光線息息相關。如果在家裡使用筆記型電腦，請移動到陽光或燈光可以照在臉上的地方，避免背對著光，而讓人看不清楚你的臉。

Zoom 雖然有調整畫面亮度的功能，但不僅要確認房間的亮度，也要確認光線照射的方向，才能找到呈現最佳畫面的位置。

我認識的一位女性就曾經表示，她為了遠距銷售而準備檯燈，想讓光線從斜前方打過來，而她一直在研究要怎麼擺放，才能把最好的一面呈現出來。

除此之外，也有人會在燈上貼描圖紙，或者使用反光板（可以用白色素描本替代）等。這些做法，應該都不需要花太多錢就能解決。

在遠距銷售時，**看著鏡頭說話，給客戶的印象是「正與他對視」**。看著對方的眼睛，語言才能產生說服力，更容易把你想提供的資訊傳達出去。

「這個人還滿注重眼神交流的耶。」這會給對方一種安全感，進而理解、接受你想傳達的內容。

在聽客戶說話的時候也是一樣。請記得看著鏡頭，適時附和點點頭。

不跑業務的超業祕訣

看著鏡頭說話，就是看著客戶的眼睛說話。

21

擔心環境音亂入？用附耳機的麥克風

這是我和某公司的研習負責人，進行遠距銷售時發生的事情。

我和他以前曾見過面，當時對他的印象是「在工作上十分能幹的人」。但是，遠距交流時，即便是同一個人，也可能與印象中完全不同。

或許是麥克風在音量設定上出現問題，他說話的聲音不是很清楚。也因為聲音太小，說的話很難讓人產生共鳴。

如果是面對面談話，就可以清楚知道對方有沒有聽到自己的聲音。但在遠端視訊時，卻很難掌握自己應該用多大的聲音說話。

有的客戶可能會主動反應：「好像聽不太到聲音。」但那是在客戶對話題感興趣的情況下。如果不是，一般的情況下都會覺得沒差，就這樣直接跳過話題。

我之前就和這位負責人見過面，所以知道他其實很優秀。但如果只透過視訊交流，或許就不是這麼一回事了。只透過畫面，大部分的人恐怕都很難感受到他的優秀之處。

我想，你應該聽過廣泛應用在人際溝通而聞名的「麥拉賓法則」（The Rule of Mehrabian）。

說話者的表現，給予聆聽者的影響力，以百分比來換算的話，依序是視覺訊息（五五％）→聽覺訊息（三八％）→語言訊息（七％）。不過，這都是以面對面的溝通為前提。

遠距溝通的狀況，就不太一樣了。

面對面交談時，人的主要重點會放在視覺訊息上，例如外觀、表情、視線、動作、手勢等。但視訊時，因為隔著畫面，這部分受到限制，因此聽覺訊息的比例，包括聲音大小、音調、語速、語調，以及語言訊息為主的談話內容、詞彙涵義等，**聲音和用詞的比重，會比面對面時要來得高**。

面對面交談時，重點容易放在自己想說什麼，並且該如何表現出來；但在遠距交流的情況下，對方如何解讀話裡的意思，會帶來更深遠的影響。

降噪功能的耳機，聽得更清楚

當然，我們不能發生任何問題，而導致聽不見客戶的聲音，或是錯過什麼重要訊息。

避開周遭的雜音，是遠距銷售的基本工作，像是電視、門鈴、電話的聲音等，都應盡量避免。而和面對面交談相同的是，要將手機設定成靜音模式，也要記得關掉信件和社群軟體的通知音，這些都是常見的問題。

如果擔心會讓客戶聽到周遭的環境音，請使用附帶耳機的麥克風。這樣不僅可以消除雜音，更可以集中精神與客戶交談，漏聽的情況也會相對減少。

我特別推薦帶有降噪功能的產品。聽不到客戶的聲音時，有可能是耳機接收到周遭的聲音所造成，但是如果有降噪功能的話，就不用擔心了。

此外，比起無線耳機，有線耳機不需充電，更能確保你整場會談都聽到客戶的聲音。

筆記型電腦容易沒電，所以要記得預先充飽。為了使遠距交談順利進行，這些事項請務必在事前多加留意。

不跑業務的超業祕訣

視訊時，排除周遭的雜音，並使用附耳機的麥克風。

22 即使鏡頭拍不到，也不要穿運動褲

當面銷售會在見面的頭幾秒鐘，就決定第一印象。

假想你是客戶，有位穿著皺巴巴西裝的業務員出現在你面前，你會怎麼想？假如實在是很重要的商談，也許會忍耐著聽聽他想說什麼，否則，你可能心裡會想：「我還是找別家的業務好了。」

相反的，看到西裝筆挺的業務員登場時，你又會怎麼想？在交談之前，可能就會對他產生「這個業務員很令人放心」的印象。

當然，遠距銷售的話是拍不到全身的。雖說如此，服裝也並非完全無關，即使隔著畫面，也需要注意服裝儀容。

男性的話，雖然沒有說要繫上領帶才算合格，但至少要穿有領子的襯衫。而

女性的話，就穿適合商務場合的襯衫吧。總之，不要穿著太過休閒的服裝。

即使鏡頭拍不到，下半身也不要隨便穿

近年來，電腦與手機的相機鏡頭性能提升不少，有些極細微的地方，都可能被拍到。不只是剛睡醒的亂髮，甚至還可以看見刮完鬍子後殘留的鬍渣。雖然，透過鏡頭沒辦法傳達味道，但視訊時，對方還是能從畫面中，感受到你這個人是否乾淨整齊。

舉個例子，有次我和一位男性業務員視訊面談。雖然隔著畫面，對方卻仍戴著口罩，所以我說：「可以摘下口罩沒關係。」結果，對方竟然說：「因為我沒刮鬍子，就先不拿下來了。」

我再仔細一看，他的頭髮也看起來亂亂的，像是剛睡醒一樣。也許，有人會喜歡這種自然、不做作的感覺，但對我而言，是不會有什麼好印象的。

相反的，我也有遇過幾位女性業務員，明明只是線上會談，髮型卻很認真的

整理過，並且化上有精神的妝容，這就會給人數倍的良好印象。

由於視訊畫面只會拍到上半身，所以，也有人認為「下半身穿運動褲也行，隨便穿就可以」，但我個人並不贊成這麼做。

即使對方看不到，自己卻很清楚。所以，我總覺得這麼做有點不敬業。

順便一提，我在進行遠距商談時，都是穿著在當面銷售時也能穿的卡其褲或彈性牛仔褲。這樣的話，就算不小心被拍到也沒關係。更重要的是，能夠加強自己在工作上的衝勁。

此外，就我所知，有些業務員會在視訊會議時，使用美膚濾鏡功能。Zoom內建的美膚功能，確實能修飾臉色和肌膚的質感，但這始終是「修飾」，開過頭的話會有些不自然。

我想，再過不久，或許就會推出「可以修正剛睡醒的雜亂髮型，即使是素顏也能產生自然妝容」的功能。不過，還是比不上實際的髮型和化妝效果。

所以，先從讓自己更上鏡的技巧開始學起吧。

● 修整眉毛。
● 為了不讓瀏海遮住臉，把頭髮往上梳。
● 使用乳液或保溼產品，使肌膚看起來透亮、有光澤。

這些都是男性也能輕鬆做到的項目。我自己也會注意這些重點。如果還是不太放心，可以請教熟悉化妝的朋友，或是透過網路搜尋，現在都可以透過影片，看到詳細的教學。

即使是遠距銷售，也要整理好自己的外表，這點無論是男性或女性都一樣。除了能讓顧客留下良好的印象，自己在工作時也比較會有衝勁。

不跑業務的超業祕訣

即便是視訊，也要穿全套上班服裝。

23 誇張的點頭，次數比平常多兩倍

在當面銷售時，為了與客戶順利進行交談，我們會適時、適當的附和，或延續對方所說的話題。

如果在你認真說話時，眼前的人卻沒有反應，你感覺如何？如果對方都沒回應，商談就很難繼續下去了。也就是說，沒有適當的附和，就無法進行交流。附和並不是隨便說什麼都行。不管是不是認真的附和，如果對方從頭到尾只有「是是是」、「嗯……」之類的制式回應，你聽了會怎麼想？想必瞬間就不想繼續說話了吧。

頂尖的業務員擅長從客戶說的話，再引出話題，那是因為熟練附和客戶的技巧。配合商談內容，回覆像是「原來如此」、「那真是太厲害了」、「真不愧是您呀」等，用心去附和對方。只要客戶心情變好，雙方交流就不會間斷。

但是，**由於遠距的面談隔著畫面，所以要稍微誇張的點頭，向對方發出「我很認真在聽你說話」的訊息**。

當面銷售雖然也會點頭，但在遠距銷售中，要更加積極點頭，這點請務必牢記。我覺得**大概抓平常面談時點頭次數的兩倍**，就差不多了。

遠距銷售要邊看自己的表情和動作，邊和客戶面談。請一邊調整自我，一邊進行對話。

你在畫面中是什麼模樣，會決定商談的結果

我建議，可以把遠距銷售會議錄下來，結束之後再確認影片內容（不要忘記取得客戶的許可）。

以Zoom為首的網路商務工具，大多有附加錄影功能。螢幕錄影的話，之後要再次確認內容就很方便，所以很多人使用。

在確認面談錄下的影片時，不要只看談話的內容，同時也要檢查自己的樣子、表情和動作。雖然說，看自己說話的樣子有點難度，你可能會有點害羞，或可能對自己的表現感到失望。

我也有過這樣的經歷。在影片上回顧遠距研習時，我臉上沒有任何表情，完全沒有親和力。那個樣子讓我受到非常嚴重的打擊。

雖然很痛苦，但多虧有影片回顧，我才能找到幾個改善的要點。例如：露出笑容慢慢點頭、視線盡量往上等。後來，在其他的研習中，就改善很多。

透過遠距銷售創造亮眼業績的人，在**與客戶說話的時候，會表現出「我很認真聽你說話」的態度。他們也很了解人與人交流中，臉部表情及肢體語言的重要性，並且高度重視「自己在畫面中展現的模樣」**。

為了隨時保持笑容，要經常對著鏡子微笑，並且確認自己在畫面中的模樣。如此一來，才能帶給客戶良好的觀感。

在遠距銷售中，請做出稍微誇張的點頭反應，並營造出讓客戶容易開口的氛圍。為此，盡可能錄下遠距銷售的面談過程，確認一下自己的狀態。這會為你今後的業務活動，帶來很大的幫助。

不跑業務的超業祕訣

誇張的點頭，表現出認真聽對方說話的態度。

24

聽聽優秀前輩怎麼說，模仿他

為了能在短時間內做出成果，模仿已經做出優秀成績的人，是非常重要的一步。商務活動中的「模仿」，指的是學習頂級業務員令人憧憬的外在和行動模式等。這是走向成功的捷徑。

當面銷售比較容易給人留下較深的第一印象。但是，透過畫面的遠距銷售則會因說話方式和說話內容，產生很大的差異。

也就是說，為了在遠距銷售中取得成果，不僅要模仿頂尖業務的外表，模仿說話方式更有成效。

在你周遭，必定有些人會讓你覺得，跟他們說話很舒服吧。無論是以頂尖業務員為目標，還是以公司的同事、朋友、家人為目標都可以，這些都可以成為你模仿的對象。

我身邊有幾個朋友，我非常欣賞他們的說話方式，和他們說話時總覺得很舒服。他們談話的節奏和緩，並且會給我思考、回覆的時間。當我沉默了一會兒，他們就會關心的問：「菊原先生，你覺得怎麼樣？」

在談話中，懂得適時拋出話題，並聆聽對方的回答，是非常重要的，不能只有一方滔滔不絕。正因為相互提問、回答，才能在活絡的氣氛下持續對話。

我覺得談話時，會讓對方覺得特別愉快的人，通常都有以下幾項特徵：

- 說話的節奏和緩。
- 話題間留有適度空白，有充分的提問空間。
- 講話簡短且明確。
- 態度爽朗，說明的內容容易理解。

不過，偶爾也會出現完全相反的人。因為一直喋喋不休的說話，所以完全沒有提問的機會；或是說話很小聲、話題突然中斷，而陷入沉默，這樣氣氛自然熱絡不起來。硬要持續這樣的對話，只會讓人壓力越來越大而已。

如果是當面銷售的話，或許可以硬撐著場面，但是，在線上會談卻很難做到。因為這只會讓客戶想趕快結束通話。這種說話方式，會對遠距銷售造成極為負面的影響。

報名參加其他業務的視訊簡報，偷學幾招

請尋找你身邊，透過遠距銷售獲得優秀成果的人，並模仿那個人的說話方式。如果可能的話，**請對方給你看他在進行商談時的錄影內容**。

這種做法，可能比較難向主管或前輩開口。但向同事請求協助，或許是個好方法。

如果覺得詢問同事也很困難，那可以**試著扮演客戶的角色，去參加其他業務員的視訊簡報**。我想，你一定能在其中，找到值得作為參考的說話方式。

在當面銷售時，比較重視外表給人的感覺，也就是「對初次見面的人，在一開始的十五秒內，就決定了第一印象」這種說法。當然，外表以外的東西也很重要，但如果客戶不喜歡你的外在，應該也不會太認真聽你說話。因此，在談話之前，有必要先磨練一下外在的部分。

但是，在遠距銷售時，大多數人對外表不太會有先入為主的觀念，所以說話方式就顯得更加重要。

不妨找機會研究一下，擅長使用視訊進行談話的人，他們都怎麼說話吧。

不跑業務的超業祕訣

研究優秀前輩、同事或對手的說話方式，並模仿他們。

25 不要拚命說，而是一直問問題

當面銷售需要訓練「傳達方式」。假如沒有好好介紹商品，客戶的購買意願會因此降低。

好的產品介紹，確實能夠提高客戶的購買意願，與業績息息相關，但有個必須特別留意的重點：**如果只顧著介紹產品，很容易因此忽視客戶的存在**。

這是我在擔任業務員時所發生的事。當時的我深信：「如果能充實自己對產品的了解，介紹得好，就能賣出更多。」因此，我拚命往這個方向努力。因為我相信，那是成為頂尖業務員的捷徑。

我每天都在練習「該怎麼說明，才更能傳達出產品的優點」，但遺憾的是，不斷練習之後，產品卻是越來越難賣出去。後來我才知道，原因是出自於我太偏向於傳達，而忽略了傾聽。

與當面銷售相比，遠距銷售更難完整表達自己想要傳達的內容。而且，**透過畫面，無論如何集中力都會下降，很難維持一定程度的緊張感**。

客戶與業務員的談話時間只要拉長了，自然就會放鬆下來。所以，不要完全依賴談話，也要透過共享畫面，來展示資料和數據給客戶參考，如此一來，也比較不會因雙方理解不同，而造成想法上的落差。

為了在遠距銷售中取得成果，聽的力量絕對大於說，因此「傾聽」的訓練是必要的。

遠距銷售中的時間有限，不要因為一些無聊的提問而浪費時間。比起說話，**更重要的是集中精神聆聽，進而了解客戶真正的需求**。

最簡單的做法是，先掌握基本項目（預算、交貨時間、產品等級、使用方法等），這些問題若能事先列出，就不會有遺漏的問題了。

傾聽、推測客戶的需求，才能以客製化取勝

此外，你還需要更進一步的「深度傾聽」。從剛才的基本項目延伸，去了解對方「是怎麼訂出這個預算的？」「為什麼設定在這段期間之內？」等，影響客戶決策的「核心因素」。徹底深入了解，後續才能進行客製化的提案。

在遠距銷售中，通常難以掌握客戶真正的意圖及真心話。最好仔細思考問題的內容，並且比在當面銷售時，更加深入的去聆聽、推測對方所說的話。像是以下的例子：

業務員：「請問您每個月預計支付多少呢？」

客戶：「我想想……大概五萬日圓左右吧。」

業務員：「每個月五萬日圓。請問是為什麼呢？」

客戶：「不瞞你說，我還剩下三年的車貸要繳，如果再加上這筆金額，實在是吃不消啊。」

業務員：「我明白了。如果前三年先支付較低的金額，等第四年以後再增加，您覺得如何？」

客戶：「原來如此，這個提議好像挺不錯的。」

像這樣深入了解客戶決策的原因，才能夠提出與「月繳五萬日圓以內」不同的提案。

或許你會想：「明明面對面時能輕鬆做到，但一旦要透過鏡頭就沒辦法。」請先找朋友或家人幫忙，從身邊的人開始進行深度傾聽的練習吧。

不跑業務的超業祕訣

深度傾聽，推敲出客戶真正的需求。

26 老說「應該」、「大概」，客戶就會失去耐心

當面回答顧客疑問時，態度要不慌不忙，仔細考慮後再回答。

如果只以模糊的記憶，回答：「我想大概是○○左右。」是行不通的。一旦出錯，就會失去客人的信任。不僅是失去信任，之後還可能會被客人投訴，或衍生其他問題。

因此，慎重考慮後再回答比較好。如果沒有信心的話，一般來說都會把目前的問題，帶到下次碰面時再回答。

那麼遠距銷售呢？比起考慮過後再回答，更理想的做法是**瞬間判斷狀況，並且立刻回答對方**。

在洽談中，總會有事情發展出預想不到的狀況，或是客戶突然說了預料之外

的事情，能否迅速回答，關係到遠距銷售的成功與否。

譬如，客人問：「如果事情變成這樣的話要怎麼辦？」這時，你要馬上準確的回答：「關於這件事，因為〇〇，所以沒問題。」

在談話中，當客戶提出質疑，如果你還支支吾吾的回應：「這個問題，我想……。」是沒辦法達到成效的。

能否瞬間說出具有說服力的話，是勝負的關鍵。

頭腦靈活的人，其實只是做好事前準備

要怎麼做，才能瞬間做出判斷並馬上回答呢？那就是**提前列出客人可能會問的問題，並準備好回答**。

比方說：「現在是最適合購買的時機嗎？」「會不會有其他好房子也釋出？」「和其他公司相比，性價比怎麼樣？」諸如此類，客人可能會有各式各樣的疑問。

你可以從以下的問題著手：

- 價格或支付方式的問題。
- 對提案感到不安：「這個決定真的沒問題嗎？」
- 擔心「購買之後會確實提供售後服務嗎？」

接著，將你想到的問題，區分為「價格」、「時間」、「商品」等類別，再一個個思考如何回答。

與此同時，最好也同步準備說明的補充資料。

如果能夠做到這一步的話，即使在面談中，被客戶問到很難的問題，也會因為是在自己設想的範圍內，而能在當下立刻給予客人最佳回覆。

「頭腦靈活」的業務員，並不是與生俱來，他們只是事先做好準備而已。平時就要考慮客人可能會提出的問題，將這些問題的解答放進腦海裡備用。

不跑業務的超業祕訣

提前列出客人可能會有的問題，準備好解答。

27 提早一週給資料，讓顧客「自我說服」

這是我擔任業務員時發生的事。我在事務所準備當天商談的資料時，主管對我說：「菊原，能請你提交上個月的報告書嗎？」

如果是這個月的報告書，很快就完成了，但上個月的報告書還要花時間找一下文件。我正忙著準備商談用的資料，可能會耽誤到時間。因此，我說：「我還有商談的準備工作，可以之後再寄給您嗎？」

主管聽了我的回答後，就怒吼：「為什麼現在才在做今天商談的準備！不是應該在前一天就做好嗎？」

當時，我心裡只感到氣憤難平：「突然叫我拿出報告書，簡直是太刁難人了。」不過，主管說的沒有錯，我早該在前一天就做好準備的。

商談的準備能拖到最後一刻，是因為在當面銷售時，與客戶見面才是最終期限。只要能在對方入座後，打開資料，並說：「這裡的資料請您過目。」就沒有問題了。

但是，如果是遠距銷售的話，這種做法行不通。提交商談資料的時間，一定要比當面銷售時還要來得早。**最慢也要抓在商談前三天，最理想的狀況是一週前就寄出**。

接下來要說的，是我的實際經驗。

原本，我預計與一家廣告公司的業務員遠距面談，但那位業務在面談前一週，就以電子郵件寄提案資料給我了。

會談前，我已大致上看過資料，也覺得「以這樣的內容來說，這個金額沒問題」。不過，由於我還有一些問題想問，因此還是按照預定的時間，進行遠距面談。因為事先收到資料，我已經了解合約內容，所以商談開始還不到五分鐘，就跟對方簽下合約了。

雖然一想到「必須在一週前提交」，就令人感到鬱悶，但換個角度想想：

「假如在一週前寄出資料，或許不用視訊面談，也有機會成功簽約。」這麼想，是不是會比較有動力呢？

讓資料說話，你就不用花時間推銷

過去的時代，是由業務員在當面銷售時介紹產品。

但是，現在的遠距銷售，則創造了不同的模式。客戶會先從業務員寄送來的資料，了解其販售的產品，並且「自我說服」：「原來如此，這個產品感覺挺不賴的。」

如果在一週前先發送必要的資料，客人也比較能抽出時間仔細閱讀。習慣在會談前先寄送資料給客戶，今後很有可能就會有「根本不需要進一步商談」的好機會。

當然，很多事情也不是只靠資料就能夠解決的。

不過，如果事先寄出資料，客戶看完後可能會再詢問：「追加這個選項的話，會加收多少錢？」「現在簽約的話，什麼時候能交貨？」如此一來，就能在面談前，事先準備好關於客戶想了解的相關資料及報價。

此外，你還可以事先整理好當天要商談的內容，也能修改資料及報價等項目，再寄送給客人，使整場會談能進行得更加順利。

為了提升商談的成功率，務必在一週之前寄出相關資料。

不跑業務的超業祕訣

提早一週寄出資料，就不用在會談時推銷。

重點整理

- 視訊時，要留意網路、周遭聲音和畫面背景。環境音容易使人分心。
- 為了不讓客戶感覺你的視線居高臨下，事先調整鏡頭的角度，並讓自己更上鏡。
- 視訊會談時，要特別重視你的聲音和用詞。
- 化妝及護膚不僅能給人良好的第一印象，也能達到自我鼓舞的效果。
- 點頭的次數可以盡量誇張，大約是「平常的兩倍」。
- 對話就像拋接球。說話的節奏和緩，適當留白，能創造出對話的舒適度。
- 比起一直說話，更要集中精神聆聽，通過深度傾聽掌握客戶的需求。
- 客戶提出的問題有固定模式。想要即問即答，就要事先準備好答案。
- 面談一週前，寄送資料給客戶。有時，可能根本不用再進行會談。

第四章

不跑業務怎麼成交？這些技巧要牢記

28 線上會談，一分鐘也不能遲

現在的我是一個相當守時的人。但我過去還在當業務員時，卻在某些事情上相當鬆懈，甚至會在與客戶會面時遲到，這是身為業務員絕對不能犯的大忌。

比方說，如果從公司，到與我約好見面的客戶家，大約需要一個小時的路程，為了提前到達，我通常會提早十至二十分鐘離開辦公室。

但某次與客戶會面，我直到出發前的最後一刻，都還沒完成工作，導致緩衝時間所剩無幾。而好巧不巧，當天在路上又碰到道路臨時施工，交通嚴重堵塞。

我雖然先聯絡客戶，但最後還是晚了五分鐘，才到達約定地點。這位客戶是個非常守時的人，當時的我一邊想著：「他一定對我失去信任了。」一邊向客戶解釋，我直到出發前一刻還在整理資料，與在路上遇到意外的塞車狀況。

然而，客戶的反應卻出乎我意料之外，他和顏悅色的說：「遇到這種狀況，虧你有辦法只遲到五分鐘就趕來，真是辛苦了。」

雖然遲到是不該犯的錯誤，但我並沒有因此失去客戶對我的信任，最後，還成功與這位客戶簽下了合約。

一旦遲到，客戶會毫不留情退出視訊會議

過去，道路堵塞或列車誤點等遲到的藉口，是可能被客戶接受的。尤其是頂尖業務員的預約行程經常滿檔，明明與客戶約好幾點見面，有時卻不得不讓客戶等上十幾二十分鐘。但儘管如此，客戶在等待過程中，通常也不會因此生氣。

然而，遠距銷售的情況就完全不同了。假設你和客戶約好「上午十點，以Zoom線上面談」，而你卻遲到了三分鐘，那會發生什麼事呢？在電腦前等待的時間，感覺特別漫長。即使你只遲到一分鐘，有些客戶也會因此退出Zoom的會

議室。

失去與客戶見面的機會，意味著簽約的可能性就此歸零。如果是資料不完整，或提案不符合客戶期望，你還可以將修正完成的資料寄給客戶，試著彌補先前的失誤。但是，遲到卻是不可挽回的致命錯誤。

為避免遲到，**請務必在約定時間的前十分鐘，就坐在電腦前等候，並提前三分鐘進入視訊會議室**。

利用商談前的十分鐘閱讀資料，時間很快就過去了。

測試麥克風、喇叭，還有自己的聲音

此外，在這段等待時間，記得一定要做發聲練習。

我過去就曾因為發不出聲音，而吃過苦頭。

某一次遠距銷售的培訓課程，開始前十分鐘我就在電腦前待命。但是，當課程開始後，我的喉嚨卻突然被痰卡住，導致我無法用平時的聲音說話，發出的聲音相當沙啞。

其實，在培訓前一天，我久違的出門喝了酒，因此當天早上才會感覺喉嚨不太舒服。

雖然最後課程還是順利結束了，但過了一段時間後，我收到當天拍攝的課程影片。當我觀看影片時，發現自己的聲音缺乏張力，整體說話的方式也無法讓人感受到熱情。

尤其是課程剛開始的時候，可能是沙啞的聲音使我分了心，因此，我反而給人一種不專心的感覺。以這種方式上課，可能連一半的課程內容，都無法傳達給學員。

面對面銷售時，一般的做法是在約定時間前，先到達約定地點，安靜的等候客戶。

但在遠距銷售中，最重要的是在商談開始前十分鐘，做好發聲練習，或是使用喉嚨噴劑，保養好喉嚨，確保視訊時能順暢發聲。

此外，線上會議前，務必先測試麥克風、喇叭和影像。你可以一邊調整喇叭或麥克風的音量，一邊做發聲練習，激發自己的動力。

不跑業務的超業祕訣

視訊開始前十分鐘，就坐在電腦前等待。

29 客戶的專注力，頂多三十分鐘

正如第三章所述，當業務員要進行遠距銷售時，務必在視訊會談前，就將必要的資料寄給客戶參考。除了合約與公司機密之外，能事先提供的資料就盡量提供，讓客戶預先了解，就能使商談進行得更快。

與現場銷售相比，遠距銷售更難長時間集中注意力。因此，找到節省商談時間的方法非常重要。

當面銷售和遠距銷售最大的區別，在於時間感。面對面的六十分鐘感覺相對較短，但遠距的三十分鐘卻感覺非常漫長。

雖然每個人的適應力不盡相同，但我個人的感覺是，**遠距銷售時能保持注意力的時間，只有當面銷售的一半左右**。

例如，剛與客戶見面時，總是要先閒話家常一番，作為暖場。在實際見面的情況下，五至十分鐘的閒聊並不會讓人感覺太久；但視訊時，三分鐘的閒聊就會顯得很冗長，就像在電腦前等待的三分鐘，感覺特別漫長一樣。

雖然不是要你一開始就直接切入正題，但務必切記，在遠距銷售時，請**將閒聊時間控制在三分鐘以內**。

即使是與認識的人視訊，都可能出現溝通不順暢的問題，更何況是與第一次見面的客戶。

視訊時，雖然你可以通過螢幕看到客戶的表情，但在視訊中，人的表情容易顯得僵硬，因此，會讓業務員經常往負面的方向思考：「是不是我說話太沉悶，導致客戶心情不好？」

此外，與當面銷售不同的是，遠距銷售並沒有雙方保持沉默的思考時間。由於視訊過程中沒有喘息的空間，因此業務員容易感到疲倦。

遠距銷售的優點是無須通勤移動，可以為業務員和客戶節省許多時間。但無論是當面或視訊，客戶都是花費他寶貴的時間，與業務員會面，因此，減少商談中無謂的時間浪費，是很重要的。

要講什麼，規畫在三十分鐘內

當面銷售時，業務員可以跟客戶說：「這次會談大約需要一個小時。」給一個大約的時間即可。如果雙方談得忘我，可能從六十分鐘延長至七十五分鐘，甚至延長至九十分鐘都不稀奇。

但在遠距銷售時，「幾點到幾點會面」卻早已決定好了，有個明確的開始和結束時間。因此，如果不事先制定時間表，你可能會在會談中猛然發覺「只剩下五分鐘了，怎麼辦？」並為此感到焦慮。

如果把時間浪費在無謂的閒談，導致沒時間將重要內容傳達給客戶，就無法成功達成銷售目標。因此，請事先製作時間表，並在約定的時間內結束談話。

例如，你可以按照以下的方式分配時間。

①暖場：三分鐘以內。
②提案：十五分鐘。
③客戶修正提案內容、傾聽客戶的需求：十分鐘。
④確認下一次要提交給客戶的內容：五分鐘。

除了制定時間表外，你還可以使用計時器輔助，讓自己在商談的過程中更加安心。

一般來說，遠距銷售的專注力大約可保持三十分鐘。因此，**與初次見面的客戶視訊時，建議將會面時間安排為三十分鐘**。雖然時間只有當面銷售的一半，但還是要確實將重點傳達給客戶。

不跑業務的超業祕訣

事先規畫三十分鐘會談的時間表。

30 每次開口，不要超過一分鐘

正如先前所提到的，遠距銷售比當面銷售更難集中注意力。

當面銷售時，花時間暖場和閒聊是可以的，但在遠距銷售中就不能這麼做。由於時間有限，為了能傳達必要的內容，直接進入正題，開場就提出「對客戶有益的內容」。這種開門見山的做法，通常效果最好。

實際上，**談話要讓人容易理解，通常都是從結論開始說起**，這是一種溝通的基礎技巧，在與忙碌的客戶交談時尤其有效。

許多業務員改不掉當面銷售的習慣，在與客戶進行遠距銷售時，依然從「我最近發生了一件有趣的事……」開始閒聊。

運氣好的話，雙方可能會聊到渾然忘我；但如果聊過頭，業務員自己有時也會困惑的想：「我今天是來做什麼的？」這是有良好溝通技巧的人，反而經常犯的錯誤。

在時間有限的遠距銷售中，漫長閒聊會成為致命傷。無論你的故事有多精彩，都會讓客戶覺得「我無法與這種業務員合作」。

與客戶進行遠距商談時，請在視訊開始後的數秒內，先簡單說一句「**謝謝您今天給我提案的機會**」，感謝客戶抽出寶貴的時間。之後就**立刻進入正題**，例如「**接下來提出的方案，將能夠降低貴公司一五％的營運成本**」。

依照上述的做法，可以避免談話脫離主題。

以為把重點說完很專業，但客戶只想關掉視窗

掌握「從正題切入」的方法後，還有一件事需要多加注意。那就是「一次談話的長度」。

讓我感到意外的是，許多人似乎都沒有意識到這一點。

我曾經與一家客戶管理軟體公司的業務員，在Zoom上進行商談。這位業務員為人不錯，但他說起話來卻停不下來。即使我想提出問題，也完全找不到可以打斷他的切入點。

這位業務員將想說的話，一口氣說完了，因此他可能感覺非常暢快。但**對於只能聆聽的我（客戶）來說，聽他說話只會讓我感受到壓力而已**。

視訊時，必然會靜下來聆聽對方說話，但如果一次談話時間太長，對談的節奏就會變差，聽者也會逐漸喪失注意力。

與這位業務員商談的過程中，我幾乎無法插話，心裡只想著：「真想趕快結束會談。」

雖然我忍到最後，聽完了所有內容；但換作是其他客戶，也許會委婉的說：「我還有其他事要忙。」然後退出視訊。

如果是實際面對面，或許還可以試著改變話題。但在視訊時，想阻止對方像機關槍一樣不停說話，卻是一件很困難的事。因此，業務員要避免商談成為獨角戲，將每一次談話都控制在一分鐘之內。

最後總結一下。

遠距銷售時，要直接從正題切入，並將每一次的談話都控制在一分鐘以內。

每次自己講完話時，都不要忘記詢問客戶：**「到目前為止，您有任何疑問嗎？」或「您對當前的產品有任何疑慮嗎？」**

如果還不習慣控制自己的談話長度，可以使用計時器作為輔助。

不跑業務的超業祕訣

每次談話都控制在一分鐘，並隨時詢問客戶是否有疑問。

31

讚美很重要，但不要讚美外貌

由我定期負責進行銷售培訓的某間公司，有位業績第一的女性業務員。她的推銷技巧非常簡單，就是「先讚美客戶，然後再進行商談」。

我親身體驗過她的讚美。某一次，當我在準備培訓課程時，她走過來向我問道：「菊原先生，您使用的皮革記事本很漂亮呢，請問您是如何保養的呢？」

有人稱讚自己所重視的東西時，一定會感到很高興。儘管知道「對方是在恭維我」，但被稱讚的感覺還是很好。

與初次見面的客戶商談時，讚美對方的穿著或隨身物品，會比稱讚對方的身材外觀更能發揮效果。

如果這位業務員不是讚美我的記事本，而是稱讚說：「菊原先生的身材好纖瘦，看起來真年輕」的話，那會怎麼樣呢？

我對自己的體型其實沒有什麼自信，如果有人稱讚我「很苗條」或「很瘦」，我會認為對方在說我「身材平庸」，讓我感覺不是很好。

讚美外表是一件很困難的事，對某些人來說，甚至會產生反效果。例如：身高很高、小臉、長腿、髮量多等，聽起來可能是讚美，但有些人或許並不希望別人如此稱讚自己。

無論是當面銷售或遠距銷售，都應該避免談論身體方面的話題。

客戶的背後有什麼裝飾？

如果是與客戶實際見面，你可以讚美客戶的手錶、記事本、西裝、文具、鞋子、包包等。每個人都有自己特別重視的東西，仔細觀察客戶，稱讚客戶的衣著或隨身物品，可以達到不錯的效果。

但在遠距銷售中，要做到這一點就比較困難了。你雖然可以通過螢幕看到客戶的穿著，卻不容易看見對方的隨身物品。

因此，我們要**讚美在螢幕上看到的東西**，例如：

- 小孩的繪畫。
- 喜歡的電影海報。
- 獎狀和獎盃。
- 家族合照或其他照片。

如果客戶是在家中進行視訊，應該多少能看見對方在牆上，裝飾自己喜歡的東西。因此，你可以詢問並讚美這些物品。

順帶一提，我家客廳裡掛著一張女兒在七五三節（按：日本節日，每年十一月十五日，家中若有三歲的男女童、五歲男孩或七歲女孩，家長會帶著他們前往神社參拜，祈求能健康成長）穿和服的相片。曾經有業務員注意到這張照片，並對我說：「您的女兒真可愛。」聽到這樣的讚美，我想沒有人會不高興吧。

但如果客戶的背景是「虛擬背景」，就無法使用上述的方法。不過，你可以觀察，有些人會使用自己拍攝的照片作為虛擬背景。

例如，如果客戶喜歡打高爾夫球，並在虛擬背景中，使用最近打高爾夫球的照片。這時候，你可以問：「這是哪裡的高爾夫球場呢？」透過客戶喜歡事物打開話匣子，讓彼此更互相了解。

試著先讚美客戶，再進行商談。幾句簡單的美言，就能使商談的氣氛變得更融洽。

不跑業務的超業祕訣

先讚美你在螢幕上看到的東西，再開始商談。

32 遠端銷售，沒有「我還是捧場一下」這件事

在當面銷售中，無論提案做得有多糟糕，有時候只要業務員品行良好，就能給客戶留下好印象。

我也曾經是一位怕生、不善於溝通的業務員，所以當我遇到同類型的業務員時，都會比較偏心的想著：「雖然他不擅長銷售，但也盡力了。」或「雖然她不善於說明，但這樣反而能給人一種誠實的印象。」

有時，遇到不善言詞的業務員，甚至還會想：「看在他這麼努力推銷這件產品的份上，我還是捧場一下好了。」

拋開銷售能力不談，當面銷售有時能夠訴諸人情攻勢，博取客戶的好感。

此外，當面銷售中，無論業務員的談話有多麼枯燥乏味，客戶都不大可能會

直接對業務員說：「你的談話實在太無聊了。」接著離開座位。

假如客戶是非常忙碌的公司老闆，可能真的會這麼說，但我從來沒有遇過會在談話途中離席的客戶。一般來說，客戶會有足夠的耐心去聽完所有內容。

然而，透過視訊與客戶商談時，卻很難將業務員的好傳達給客戶。如果你的說明無法使客戶理解，或是讓客戶感到無趣的話，會發生什麼情況呢？

可能有些客戶還是會耐心傾聽，但有一部分客戶會說：「不好意思，我有個電話要接。」找理由結束視訊。

客戶沒有那麼多耐心，傾聽業務員所說的每一句話。因此，業務員必須想辦法讓客戶耐心聽完說明，且又不感到無聊。

別讓客戶覺得無趣

「AIDMA法則」是一種行銷框架——說明消費者決定購買的過程，我們可將此框架應用於遠距銷售中。

A階段（Attention，注意），客戶並不清楚商品或服務的內容，因此，業務員必須向客戶說明，讓客戶從一無所知，轉變為「知道有這個商品」的狀態。

I階段（Interest，興趣），為了讓客戶對商品或服務「感興趣」，業務員可以向客戶傳達具有吸引力的內容。

D階段（Desire，欲望），為了激發客戶「想要該商品」的欲望，業務員可以介紹其他客戶的使用案例，來刺激客戶的需求。

M階段（Memory，記憶），為了加深客戶想要該商品的情緒，業務員要讓客戶「對商品功能或內容感到認同」。

最後的A階段（Action，購買行動），目的是讓客戶實際購買商品，所以業務員要採取相關行動，推客戶最後一把。

為了方便想像，以下以銷售電腦為例進行說明。

A：「這件商品今年秋季才剛推出，具有最新的規格。」

I：「在本店購買這件商品，有提供現金回饋，現在買很划算喔！」

D：「很多顧客都說『這臺電腦性價比超高』，使用起來覺得非常滿意。」

M：「電腦的運算速度越快，工作效率就會越高喔！」

A：「需要幫您確認這個型號是否有存貨嗎？」

你可以制定一個如上述般的銷售流程，在適當的時機將話題往前推進，讓你能更流暢的與客戶接洽。

你也可以依照自己習慣，建構一個屬於自己的銷售框架；但在步上軌道前，活用上述的行銷框架也是很好的選擇。

AIDMA法則不只在當面銷售中有效，在遠距銷售也同樣能發揮效果。為了不讓客戶感到談話內容無趣，事先建構行銷框架非常重要。

不跑業務的超業祕訣

活用AIDMA行銷框架推動話題，讓客戶有興趣。

33 「我會再跟你聯絡」，就是不會再聯絡

一般來說，業務員通常是在商談結束後，才會與客戶預約下一次見面時間。如果是三十分鐘的遠距商談，業務員可以花二十五分鐘提案，並在最後五分鐘向客戶提出「下一次會面時，我將會針對價格向您進行說明」，跟客戶預約下次的見面時間。這麼做多半沒什麼問題。

但是，如果客戶不喜歡你的提案，那就很難預約到下一次的會面了。雖然幾乎沒有客戶會直接說「我不想買」，但大多數客戶會說：「我了解你的說明，我會仔細考慮後再與你聯繫。」

「我考慮之後再跟你聯絡」，就是不會聯絡

業務員應該都很了解「等待客戶聯繫」，是多麼糟糕的情況吧，當遇到這種狀況時，再次見到客戶的機會將大幅降低。

客戶對你說，他要考慮後再聯絡你，就表示客戶永遠不會聯繫你；即使客戶真的跟你聯絡，多半也只是通知你：「我已經決定購買別的產品」，直接宣告遊戲結束。

如果是當面銷售，你可以在沒有事先通知的情況下，去客戶家或辦公室拜訪，想辦法與客戶見面。

我過去還在當業務員時，會在客戶家門口守株待兔，並跟客戶說：「我只是剛好從這裡路過。」接著確認客戶購買商品的意願。儘管九九％的客戶會回答說：「不好意思，我已經決定選擇其他公司了。」但只要能聽到客戶的真心話，我心裡就會舒服很多。

然而，遠距銷售中無法使用上述的方法。**當客戶說「我考慮一下再給你答**

覆」時，要預約下一次的會面就會變得非常艱難。因此，最好在這種情況發生之前——也就是在商談開始之前，就先預約下一次的會面時間。

以下為可供參考的對話範例：

業務員：「今天，本公司將針對您的需求進行提案。」

客戶：「好的，很謝謝你。」

業務員：「這次將請您檢視並修正提案，下次見面時我會提供報價單。請問您下週二或週四有空嗎？」

客戶：「我下週四的下午有空。」

業務員：「好的，那麼下一次的會面，將安排在下週四的下午兩點至兩點三十分，非常感謝您。」

客戶：「好的。」

就像這樣，**在開始提案之前，先向客戶說明今日的流程，並預約下一次的會**

面時間。這個做法能讓雙方清楚整體的程序，使商談更加順利。

此外，也能讓業務員更放心與客戶商談，減少緊張感，因為「即使今天的提案失敗了，也還有下一次機會」。

不想跟你約下次的客戶，其實都不會成交

如果當天就能與客戶簽約，當然是最好的。但如果客戶無法立即簽約，你想要與客戶預約下一次的見面時間，這時候該怎麼辦呢？

在這種情況下，你可以向客戶說明業務流程。例如，你可以說：「公司大約需要三天時間，針對您的需求製作報價單。」接著向客戶提出：「請問您A日或B日這兩天，哪一天有空呢？」試著預約下次會面。如果客戶對你的說明感到滿意，通常可以順利預約到下一次見面的時間。

但有時，即使你依照上述方式向對方說明，有些客戶依然會說：「我不想知道細節，你現在就把大約的價格告訴我。」這種客戶通常只是想要貨比三家，簽

約的可能性幾乎為零。

以我的經驗來說，我從來沒有與上述這種類型的客戶成功簽約。透過提前預約會面時間，你可以在一定程度上辨別客戶的類型。

不跑業務的超業祕訣

開始提案前，就先預約下次會談時間。

34

沉默，即使只有五秒，客戶會產生恐懼

在當面銷售中，沉默可以作為一種武器。

頂尖業務員在提交提案書或報價單給顧客看時，通常不會說太多無謂的話。比方說，我會耐心靜靜等待三至五分鐘，直到客戶主動開口。客戶可能會提出疑問，或是直接決定購買商品。

現場銷售時，沉默可以營造出「我正在思考」或「與客戶一同思考」的效果。此外，沉默寡言還可以給人一種認真和誠實的印象。

但是，遠距銷售中，沉默無法營造出上述的效果。

視訊時沉默不說話，會讓人以為你在生氣

當面銷售時，業務員可以將沉默化為武器；但視訊時的沉默，只會給客戶帶來負面印象。

尤其是表情嚴肅的業務員，在等待客戶考慮時，往往會面無表情、靜止不動。當業務面無表情時，客戶就很難開口說話。有些客戶甚至會誤以為「電腦當機了嗎？畫面怎麼停住了？」即使你只是靜止不動幾秒鐘的時間，給人的印象就不好。

儘管當事人是無意的，但不少人在視訊時沉默不說話，會給人一種在生氣的感覺。

尤其許多年長者並不擅長使用數位工具，緊張情緒反而會傳達出一種負面的態度，讓客戶產生恐懼感。

如果你有一個在視訊中，會沉默不語的主管，或許你該委婉提醒他一下。

只沉默五秒鐘，也讓人窒息

某次，我和一個比我更不善言詞的人進行遠距會議，對方每隔一段時間就會陷入沉默。

面對面銷售時，即使保持沉默，也可以藉由看資料等動作，緩和尷尬的氣氛。但在視訊中陷入沉默，就會顯得非常尷尬。

即使只沉默五秒鐘，也會讓人感到窒息。

那麼，業務員應該要怎麼做呢？

基本上，你要**準備好「想傳達給客戶的內容」與「希望從客戶方打聽的內容」**，避免商談出現沉默的時間。

當你提交一份提案書或報價單給客戶查看時，由於客戶會將注意力放在資料上，因此你將無法說話或點頭附和。

但如果你就這樣在螢幕上保持沉默，客戶會覺得自己好像一直被盯著看，無法專心閱讀內容。

當遇到這種情況時，你可以在提交提案或報價單後，向客戶說：「**請您慢慢查看文件，我先暫時離席，大約三分鐘後再回來。**」

離開前記得關閉鏡頭，並將麥克風調為靜音。

記得，在三分鐘後回來。

在該說話時說話，在客戶需要思考時，讓客戶能專心思考。業務員可以多嘗試不同方法，讓遠距銷售的節奏更好。

不跑業務的超業祕訣

避免沉默的時間，可以適時關閉鏡頭和麥克風。

35

主管突然露面，可能造成反效果

我曾與一家公司開會，討論關於未來的培訓計畫。

我和該公司的負責人S先生，互通過幾次電子郵件，並通過Zoom交談兩次，其中還聊到了私底下的生活，讓我們對彼此都還算了解。

之後，為了做最後的確認，我、S先生和S先生的主管，決定進行一次遠距會議。會議在主管做完自我介紹時，都還進行得相當順利，但當我們進入正題後，會議的步調就慢下來了。有時，會陷入詭異的沉默，或是S先生和主管同時開始說話，雙方的發言時機無法順利配合。

雖然會議途中有些顛簸，但最終總算是順利結束了。僅僅三十分鐘的會議，卻讓我感到異常疲憊。

如果我們三人是實際面對面開會，或許可以從氣氛中，感覺出接下來是誰要說話。但在視訊中，人們往往很難掌握對方說話的節奏，因此經常會讓氣氛變得尷尬。

然而，有時主管參與的遠距會議，也能進行得很順利。其中的祕訣就是：主管與部屬必須分工合作，明確決定誰要說什麼。

例如：A負責主持，B負責數據相關說明，最後則交由主管做決定。如果能明確分配工作，就可以避免出現奇怪的沉默時間，或雙方突然同時發言的狀況發生。

為了讓商談順利進行，你可以擔任主持者，控制談話的節奏。

隨著商談的進行，最終將進入簽約成交的階段。有時，只有業務員一人與客戶進行商談，有些公司則可能會有主管陪同。

如果是面對面，有時主管只需要坐在旁邊，露個臉就足夠了。

我過去當業務員時，為了讓客戶簽下合約，不僅拜託經理，有好幾次甚至是拜託協理或總經理，陪同我拜訪客戶。

有次，總經理陪我拜訪一位客戶，客戶驚訝的說：「居然還勞煩總經理親自前來。」並對此表示感謝。只因為高層主管親自拜訪，就能讓客戶感覺到「自己被當作重要客戶看待」。

然而，在遠距銷售中就並非如此了。就算**公司的高層在視訊中露面**，也只會產生一點點效果，**其效力遠遠不及實際見面的威力，有時甚至會產生反效果**。客戶可能會覺得很拘束，導致視訊中出現詭異的沉默時間，或有兩個人同時發言的情況，讓商談節奏變差。

自己負責主持，主管負責簽約成交

如果主管要陪同參與遠距銷售的話，就必須明確決定分工。例如：事先決定好「我負責主持，主管負責簽約成交」，在商談的過程中就不會有同時沉默或同時開口的狀況。你可以參考以下的流程。

業務員：「請問您對今天的提案內容還滿意嗎？」
客戶：「我對內容很滿意。」
業務員：「那您對價格有任何想法嗎？」
客戶：「有一點超出預算了⋯⋯。」
業務員：「好的。（轉向詢問總經理）請問我能在總經理的授權下，免費將這一件配備附贈給客戶嗎？」
總經理：「〇〇先生，如果您與本公司簽約，我能夠用我的權限將這件配備免費附贈給您。但作為交換，請問您可以現在就做決定嗎？」
客戶：「如果有這項免費的優惠，我可以現在簽約。」

就像上述的流程，**讓主管或公司高層在關鍵時刻發言，協助你與客戶簽約成交。在商談的最後階段，由主管出面與客戶洽談，會比業務員一人與客戶商談顯得更有分量。**

好好利用上級的力量，讓他成為協助你簽約成交的一大助力。

不跑業務的超業祕訣

讓主管在簽約的關鍵時刻發言，幫助你成交。

36 你的時間有限，擺明不會簽約的就放棄

在業務圈，一直盛行著「多拜訪一位客戶，就多一個機會」的說法。「拜訪十位客戶的業績，絕對比不上拜訪五十位客戶的業績；拜訪五十位客戶的業績，絕對比不上拜訪一百位客戶的業績」。業務員需要的，是永不放棄的精神。

實際上，的確有許多業務員，就是靠這種方法做出超高業績。

在我曾定期進行培訓的一家公司，有一位二十多歲的年輕業務員。他經常沒事先預約，就突然登門拜訪客戶，但也因此成功開拓新客源，取得不錯的業績。雖然他並不善言詞，也不是特別機靈的人，但他的抗壓性卻非常強，即使被客戶狠狠拒絕，也能在瞬間調整好心態，立刻拜訪下一戶。因此，他拜訪的客戶數量，是其他業務員的整整兩倍。

如果客戶願意與他會面，那就是他發揮真本事的時候了。即使客戶的購買意願並不高，他依然會持續談兩個小時，甚至是三個小時。就算被客戶拒絕，他也會在當天稍晚再登門拜訪，向客戶說：「請再給我一次機會。」有些客戶真的會敗給他這種不放棄的精神，與他簽下合約。

傳統的當面銷售中，像這位業務員一樣，具有強健體力和超高抗壓性的人，能取得最終勝利。但在遠距銷售中，有時最好是直接放棄，將目光轉移至下一位客戶，反而更能夠取得成果。

適時放棄，才是最聰明的選擇

「放棄」一詞聽起來可能帶有負面印象，但實際上卻並非如此。

當然，在遠距銷售中，也有需要花較多時間才能簽約的客戶，而我們也的確該花大量時間在他們身上。但是，**對於「花費大量時間也無法成交」，或是「需要相當長的時間，才能成功簽約」——這種「時間效率低下」的客戶，適時打退**

堂鼓才是明智的選擇。

在過去，我會花很多時間在每一位客戶身上。有些客戶會要求我提交大量的提案書或報價單，並將我提供的資料，拿去當作向其他公司殺價的工具。像這種利用業務員「試水溫」的客戶，其實根本沒有什麼簽約的意願。

況且，由於我無法自己繪製藍圖和製作報價單，因此，其他部門的工作量也會跟著增加，造成同事的困擾。

懂得挑選客戶，就能成為頂尖業務

我並不是說「拿業務員試水溫的客戶絕對不會簽約」，而是你需要花費非常長的時間，才能成功讓這種客戶簽下契約。而且，就算簽下合約，通常這種客人也很容易會發生問題。遇到這種客戶時，儘早放棄，並將時間花在下一位客戶上，才是聰明的選擇。

當然，我們對所有的客戶，都該以禮相待。但在遠距銷售中，業務員其實有很多可以跟客戶接觸的機會，因此，**在面對需要花費大量時間和勞力的客戶時，業務員可以把「拒絕」當作考量之一**。

想判斷對方是否是一位「麻煩」的客戶時，可以試著向客戶詢問：「如果本公司的提案能滿足您的需求，請問您是否會與本公司簽約？」將話題引導至接近簽約的階段。

假如對方根本無心與你交易，一定會試圖迴避這個話題。

如果還想要找出其他的判斷標準，建議你可以回顧過去商談的經驗，或是向資深的前輩詢問。你必須制定出一套判斷方法，徹底斬斷這些白白浪費你時間的客戶。

我在經過一番努力後，終於成為一名頂尖業務員。**不把耗時的客戶當作目標，因此，就可以把時間花在更好的客戶身上。多虧這一點，我才能在很長一段時間內，都取得穩定的業績。**

請你一定要記住，不擅長遠距銷售而陷入苦戰的業務員，大多是不懂如何挑選客戶，白白耗盡自己的精力。而那些**取得亮眼業績的頂尖業務員，則懂得如何**

挑選客戶，並確實讓客戶簽下契約。

不跑業務的超業祕訣

擺脫那些讓你花大把時間跟精力，還不簽約的客戶。

重點整理

- 遠距銷售時，即使只遲到一分鐘，也沒有任何彌補機會。會面的前十分鐘，就在電腦前等待，並一邊做發聲練習。
- 遠距銷售很難集中注意力，因此會面時間不能超過三十分鐘。
- 每一次的談話長度，都控制在一分鐘之內。
- 多讚美客戶。對方螢幕畫面顯示的東西、背後的裝飾，都是讚美的機會。
- 不要讓客戶感到無聊。要記住，遠距銷售中並不存在敗部復活。
- 商談一開始就預約好下次會面時間，更能專注在眼前的提案。
- 沉默是致命傷。關閉鏡頭和麥克風，留給客戶一段思考的時間。
- 當主管要陪同部屬視訊時，「由誰說什麼」是非常重要的。明確分配各自的工作，並在關鍵時刻讓主管出面。
- 業務員的時間有限。當詢問客戶是否有意願簽約，對方卻迴避問題，就可以將精力轉移至下一位客戶。

第五章

遠距上班，業務主管怎麼凝聚團隊？

37 在群組裡，互相分享進度與成果

業務組織可能會按人數或負責區域，劃分為不同的業務部門，而部門內又可能再細分為五至十人的團隊。此外，團隊的領導者還分兩種類型，一種是業務員同時身兼主管，另一種則是只專門給予指導的主管。

雖然團隊的形式有分為很多種，**但能締造出亮眼業績的團隊，一般來說成員間都有良好的溝通。**

另一方面，有些團隊雖然有優秀的人才，但業績卻不盡理想。這通常是因為業務員之間關係並不融洽，團隊內充斥負面氣氛。

如果團隊成員都將彼此視為對手，競爭心過於強烈，互相扯對方後腿的話，團隊將無法發揮全力。這時，團隊領導者最重要的作用，就是把大家團結起來，

並提升全體成員的動力。

在業務部門中，業務員聚在一起開晨會，幾乎是每天的例行公事。在晨會上，業務會報告前一天的成果。當我們聽到同事與客戶成功簽約時，心裡也會想著：「我要更加努力！」將他人的成功，化為自己前進的動力。

過去還在當面銷售時，僅僅是大家一起在公司裡工作，就足以激發團隊的動力。你可以從公司職員的日常對話中，了解同事的動向，例如：「那個案件差不多快成交了」，或是「這個提案被客戶否決了」，你不必過問細節，就能大致了解狀況。

但改為遠距銷售後，團隊會議的次數可能會減少，或是會議內容簡化，如此一來，就很難得知其他的業務是否發掘到新的潛在客戶，或同事的案件進展如何。除了某些對別人業績完全不感興趣的業務員之外，大多數人應該都會想要知道，別人目前在做什麼。

當你無法得知同事的動向時，就會因此感到不安。

所以，**團隊領導者必須建立一個系統，掌握成員的動向，並與團隊所有成員**

共享。透過團隊內部的交流互動，使團隊取得成果。

稱讚，會更有動力

某間我培訓過的公司，從以前就會透過社群網路來激勵業務員。他們會建立五至六人的群組，成員通過群組對話，分享各自的業務活動。

例如，某位業務員在一早給五位客戶寄出感謝信，這時他會在群組說：「今天已寄出五封感謝信了。」團隊主管在看到這則訊息後會回覆：「今天一早就寄出五封感謝信啦，做得好！」其他業務員看到對話後，可能也會被激起幹勁，並心想：「那我今天要寄出十封感謝信。」

當然，群組中的訊息不一定都要由主管先回覆，有看到訊息的成員按個讚也是可以的。

大多數人在受到稱讚時會更有動力。遠距上班、彼此碰不到面時，通過社群網路進行如上述的交流，將能有效激勵員工。

當然，如果業務員成功與客戶簽約，也可以在群組上報告：「我成功簽到合約了！」然後，看到這則訊息的同事會紛紛發出「恭喜！」或「真是太棒了！」等祝賀的訊息。

看到同事成功簽約，即使你的內心是想著：「可惡，真希望他簽約失敗。」但透過發送祝賀的訊息，多少也能讓自己嫉妒的心情緩和一些。

像這樣將社群網路作為激勵團隊的工具，是非常好的做法。

在遠距銷售成為主流後，人與人之間的溝通會變得更困難。利用社群網路頻繁交流訊息，保持團隊的動力吧！

不跑業務的超業祕訣

主管、同事間，分享自己的業務活動，相互激勵。

38 每個月開三次會月初、月中、月底，

過去，我還在當業務員時，月初的會議被稱為「一日會議」。當天會將所有的業務員聚集在一起，從早上到傍晚開一整天的會。

在這段時間裡，業務員無法進行業務活動。雖然受到表揚，可能會提升業務員的動力，但一天開八個小時的會，還是太誇張了。

這些在過去被視為理所當然的會議，最近似乎發生了一些變化。

有一間由我負責進行培訓的公司，在新冠肺炎疫情之前，每月都會將全國各地的業務員聚在一起，舉行一次銷售部門的全體會議。

業務員們必須在月初，報告上個月的業績和本月的目標。但與我過去工作的公司不盡相同的是，這間公司不是從早上到傍晚開一整天的會，而是只開短短兩

個小時就結束了。這種簡短的會議風格有其優點。在業務經理鼓勵完員工後，各個據點的業務部門就各自開會。

直到最近，許多公司都還是採用這種每月一次的會議模式。

但這種**每月一次的會議，最後往往會淪為形式，變成業務員們報告「我上個月沒有成功與客戶簽約，所以這個月會更加努力」的場合**。雖然並不是完全沒有意義，但很難提升員工的動力，達不到什麼效果。

自從那間我負責培訓的公司，將業務重心轉變為遠距銷售後，公司重新檢視迄今為止的會議形式。**他們決定沿用每月初召開的全體會議，但在月中和月末前一週，分別會再召開約四十分鐘的線上會議。**

月中會議的重點：剩下半個月，我該做什麼

例如，月中會議離月底還有一段時間，因此業務員可以在月中會議上報告：「在接下來的十五天裡，我會集中精力在○○上，努力讓客戶簽下合約。」展現

自己積極的心態。人們很容易在月中懈怠，所以透過發表明確的行動計畫，可以激勵自己。

而在月底前一週，還有一次會議。從月中到月底前一週的工作日有限，因此，你也可以提出一個具體的行動計畫，例如：**「在剩餘的工作日裡，我該做什麼」，或是反過來思考「在這幾天裡不該做什麼」**。

有時，業務員會心想：「這個月看來是達不到業績了，下個月再加油吧。」但這時候，如果業務員能提出具體的行動計畫，就可以打破頹喪消沉的情緒，繼續進行業務活動，直到最後都不放棄。

這間公司自從每月召開三次會議後，訂單便開始小幅增加。當競爭對手公司正為簽約數和銷售額下降五〇%、六〇%所苦惱時，這間公司的訂單居然還能夠逆勢增加，這樣的成績著實非常優秀。

會議不該只是一個讓人反思、找藉口、一廂情願訴說展望的地方。如果為了討好無所事事的主管或公司高層，而開一整天的會，那簡直是浪費時間。

即使是簡短的會議，也該有效率。

在實際面對面的會議中，直接將獎金頒給優秀的業務員，對提升業務員的動力很有效果。因為大多數業務員，都有強烈的自我展示欲與不服輸的性格。在過去，這一直是激勵團隊的一種方式。

但在接下來的時代，藉由明顯區分員工績效優劣，來提升員工動力的做法，將會變得越來越少。相反的，**與團隊成員分享資訊，結合團隊成員的力量，反而更能發揮出個人的能力**。

採用遠距銷售時，一個月基本上要舉行三次會議。請務必在你的團隊內嘗試這個做法。

不跑業務的超業祕訣

月中會議，打破你想要放棄的心態。

39

給主管的報告不可省，但寫報告時間可以省

向主管報告業務進展和客戶狀況，是業務員一項重要的工作。把明確的細節向上呈報，主管將能提供你適當的建議。

但如果你花太多時間在報告上，反而會失去開發新客戶和準備提案的時間，這麼一來就本末倒置了。因此，在製作報告時要盡可能將其簡化，並在短時間內完成。

以前，我還是一名業務員時，每天都必須向主管提交「每日業務報告」和「行動計畫書」。工作中還有許多類似的報告，每一份都要花很多時間撰寫、製作，對我而言是不小的負擔。

而且，如果我太晚提交，主管就會不斷催促我：「趕快交報告！」

這讓我不得不減少跑業務的時間，將時間花在寫報告書上。但儘管我提交了報告，也幾乎不會收到主管針對這些報告提出的建議。事後看來，將時間花在寫報告上，簡直是可笑和白費力氣的行為。

一旦開始遠距銷售，由於無法當面向主管報告，因此需要提交的文件數量反而增加。

我認識的一位業務員，就曾感嘆的說：「自從變為遠距銷售後，需要提交的文件數量增加了一倍。」

除了例行的每日業務報告和行動計畫書之外，還需要另外提交「工作時間管理表」，並向主管報告「今天做了什麼工作」、「打了多少通電話和發送多少電子郵件」等，業務員必須回報所有工作細節。

由於遠距上班，主管無法實際監督部屬工作，公司可能因此認為「不提交報告書的話，業務員就會開始懈怠」。

但我們也不可能請主管取消掉這些報告書，所以，業務員應該思考的是「如何簡化並節省製作報告的時間」。

只要能節省寫報告的時間，你就有更多時間開發新客戶和撰寫提案，專注在更有成效的工作上。

你過去怎麼寫報告，把它變成固定模板

因此，在製作報告時，我建議將報告書「模板化」。

模板化是一種非常有效率的方法。雖然第一次創建模板時，可能需要一些時間，但是當模板製作完成後，這個方法將能為你省下大量的時間。

接下來，我將介紹我實際使用過的方法。

我還在當業務員時，直屬主管要求我每週必須提交一份行動計畫書，報告客戶的近況和銷售策略。

如果每次都從零開始撰寫行動計畫書，會花費很多時間。而且，提交的時間只間隔一週，行動計畫通常不會有太大的改變。每次都從頭開始寫，並沒有什麼意義。

因此，我準備了四種模板，分別為「月初」、「月中A」、「月中B」、「月底」。其他業務員需要花二十分鐘、三十分鐘寫報告，但如果你使用模板，每次只需要花一分鐘修改部分內容，就可以完成。光憑這一點，每週就可以省下三十分鐘，一個月總共可以省下兩個小時的時間。

另外，如果延遲交件，就會累積很多報告書要做。人的記憶會隨著時間變模糊，如果過很久才寫報告的話，就會需要花更多時間回想發生過什麼事，導致效率變差。

因此，你必須**養成一旦採取新行動，就立即向主管報告的習慣**。沒有主管會因為你提早交報告書而生氣，所以儘早行動吧。

報告時，你可以在主管可能想追問的部分，提前加註說明，例如：「目前還在等待客戶A的回覆，將在兩天後回報狀況。」以節省彼此的時間。

以這種方式工作，一個月可能可以省下二十至三十個小時以上的時間。請將這些時間花在更有意義的工作上。

遠距銷售的時代，需要花一個小時寫報告的業務員，是無法在業界生存的。

務必學習快速製作報告書，並養成有新行動就立即向主管報告的習慣。

不跑業務的超業祕訣

一旦採取新行動，就立即向主管報告，不要拖時間。

40

主管的回覆速度，與部屬信任度成正比

你聽過「熟悉定律」嗎？這是銷售心理學中的一條著名定律，這條定律指出「當你不斷接觸一個人時，會提升那個人對你的好感度和印象」。

我以一個非常易懂的實驗作為例子。實驗中，將參加者分為A組和B組，讓A組的人進行一次交流（交流時間為六十分鐘），而B組的人則是進行六次交流（每次交流時間為十分鐘）。儘管A組和B組的總交流時間，同樣是六十分鐘，但B組成員間的親密度，卻遠遠比A組還要高。也就是說，**比起「每月舉行一次聚會」，還不如「每週進行一次簡單的交談（一個月四至五次）」，後者更能提升彼此的親密度。**

一個月沒聯繫，就會讓對方覺得冷漠

我也確實經歷過類似的情況。還在當業務員時，有一位主管每次見到我都會問：「怎麼樣，最近還好嗎？」雖然每次都只是簡單交流幾句，卻讓我對這位主管很有好感。

只要多接觸對方，即使交流時間很短，也能夠縮短彼此的距離。

過去的面對面銷售方式，即使一週或兩週才聯繫一次，也會給人一種「雙方經常交流」的印象。

然而，**隨著遠距銷售的發展，和數位工具不斷進化，業務員必須提高聯繫的頻率**。

讓我們回想一下過去的職場，即使與同事只在每年的年終尾牙，或新年會議上見幾次面，我們也不會感覺與對方疏遠。

但如果換成電子郵件，一旦超過一個月沒有聯繫，就會覺得「對方最近怎麼變得這麼冷漠」。如果是社群網路的話，每週都必須聯絡一、兩次，不然就會讓對方感到疏遠。這就像國中生或高中生，覺得「一、兩天沒收到朋友的訊息就會擔心」一樣，頻繁聯繫是很重要的。

因此，我們在工作團隊內部也必須頻繁交流。

快速回覆，會讓別人更信任你

當你增加與同事或客戶聯繫的頻率時，同時也要提升回覆的速度。

假設你是主管，收到部屬提交的活動報告書。如果是當面提交的情況，即使你不說話也不會有問題。但如果是與線上提交的話，就必須有反應。為了提升員工的動力，**每當收到部屬的報告時，主管就必須回覆「已收到」，回覆的速度與信任度是成正比的**。

我目前和公司外的人組成團隊一起工作，其中有一個人，總會在收到我寄出的資料後，最快幾秒鐘、最慢十分鐘以內，就會回覆我「已收到」。

當人們即時得到回覆時，通常都會感到高興，並覺得自己被對方重視，因此會越發努力工作。但如果自己的訊息被擱置了一、兩天，人們就會開始想：「以後，把這個人的工作放在最後再做也無所謂。」

當面銷售和遠距銷售最大的區別，就在於「速度感」。

在社群網路發達的現代，收到訊息後數分鐘就回覆是最基本的要求。如果發出訊息後一小時都還沒被「已讀」，人們就會心想：「為什麼還不看訊息啊？」而感到有些生氣焦躁。

你或許會想：這不就表示業務員「必須隨時隨地，立即回覆訊息」嗎？你一定覺得：「饒了我吧，這樣不就二十四小時都離不開工作了？」如果真的這麼做，那就是本末倒置。

工作團隊內，應該決定好規則，例如：假日不回覆訊息、平日晚上八點後不必打開郵件等。

你不需要為了成為頂尖業務員，而犧牲所有時間。**工作時間，以最快的速度回覆訊息，而下班後則完全不去看郵件，將公私時間劃分清楚**，工作才能做得長長久久。

隨著數位工具的發展，工作和溝通方式也不斷進化。從現在開始，無論是工作或溝通，都必須快速應對。

不跑業務的超業祕訣

明確劃分公私時間，工作時迅速回覆，下班後則不打開訊息。

41

線上聚會不能只是吃喝聊天

作為一名業務行銷顧問，我接觸的人範圍很廣，從剛踏入社會的二十幾歲年輕員工，到經驗豐富的七十幾歲創業老闆都有遇過。在諮詢過程中，我時常因為「不同世代的思考方式，居然如此不同」而感到相當驚訝。

但我認為這是很自然的。因為人們來自不同的環境和背景，而形成所謂的「代溝」。**當具有不同價值觀和判斷標準的人，一起工作時，這種代溝就會成為溝通的障礙。**

有一次，一位在工作上與我有往來的六十幾歲老闆，向我傾訴煩惱，說他在與年輕業務員的溝通上，碰到了困難。

昭和時代出生的人和平成時代（按：一九八九年至二〇一九年，明仁天皇在位期間）出生的人，本來就有著截然不同的思維方式。甚至還有一種新說法：平成十年前出生，和平成十年後出生，是完全不同種的人。

以前，公司下班後，總是會有人說：「我們去喝酒吧！」大家就在居酒屋裡一邊喝酒、一邊交流。但現在二十幾歲的業務員，大多只跟朋友喝酒，而不參加公司的飲酒會，即使老闆說「今天我請客，喜歡什麼盡量點」，年輕的部屬也只會喝烏龍茶。

最後，只有老闆喝得醉醺醺的，整場聚會變成了老闆的個人秀。這樣一來，反而會使資深業務與年輕業務之間的代溝，變得越來越深。

不論是誰，都渴望被傾聽

不過，一段時間後，這位老闆告訴我，他最近能與年輕業務員好好溝通了。

自從公司開始舉辦「線上下午茶」後，他與年輕員工之間的交流，便逐漸改善了。

在居家辦公成為主流的現代，由於無法接觸到真人，有些業務員可能會因此感到寂寞，又或者是對「無法達成業績而感到不安」。

這時候老闆會通知部屬：「公司將在〇日的下午三點舉辦線上下午茶」，許多業務員們在收到聯絡後，便會參加聚會。

這位老闆表示，在線上下午茶的這段時間裡，**他並不會談論自己的事，而是專注於傾聽業務員們的煩惱**。

無論是哪個年齡層的人，都會渴望有人能傾聽自己說話。此外，對年輕人來說，透過視訊向主管吐露心聲，可能比當面談話更容易。無論老闆多麼友善，要面對面向老闆說「我無法達成業績」，實在是一件很困難的事。因此，通過視訊，反而更能讓人說出真心話。

不會被勸酒，也不需要幫忙倒酒

這種遠距的溝通方式，在未來將會持續增加。

「線上飲酒會」的優點，是減少非飲酒者的負擔，你不會被勸酒，也不必負責倒酒。

但有一點需要注意的是，**如果線上聚會沒有一個明確的目標，只是把大家聚在一起吃喝聊天，這種聚會是毫無意義的**。

我曾聽一位朋友說，他的公司為了加深員工與新人之間的情誼，在Zoom上讓員工們玩了非常長時間的賓果遊戲，這讓他覺得非常痛苦。像這樣沒有明確目標的聚會，只是浪費時間而已。

前面提到的公司老闆，在舉行線上聚會時有設定明確的目標——傾聽業務員的煩惱。在線上下午茶的時間裡，老闆會向部屬詢問：「在遠距銷售時，是否碰到任何困難？」

這位老闆有豐富的當面銷售經驗，但幾乎沒有接觸過遠距銷售。因此，老闆只是純粹想要了解員工的現狀，而老闆關心員工的心情會傳達給部屬，讓業務員更容易說出真心話。

如果你是主管，比起與員工面對面交談，可以試著透過視訊與部屬交流。即使彼此相隔很遠，視訊仍可以拉近人與人的距離。與部屬的關係越好，公司的業績也會有所提升。

不跑業務的超業祕訣

線上聚會，要先設定明確的目標。

42 一對一會談，給部屬真正需要的幫助

一直以來，業務圈的做法都是「透過觀察前輩的行動，學習如何工作」。主管或前輩不會手把手的教菜鳥，而是通過近距離觀察，使業務新手自己理解「原來要這樣銷售商品」。

許多公司的銷售風格，都是這樣傳承下來的。

但透過觀察前輩來學習的方法也有風險。如果你的直屬主管或前輩，在業務活動上遇到困難，像是經常被客戶左右，或被公司施壓「一定要達成業績」。當新人看到前輩身心俱疲的模樣時，不免會心想：「當業務員也太辛苦了吧！」這樣一來，反而成為誤導新手的反面教材。

相反的，如果你的直屬主管或前輩，總是很有精神的說：「這份提案絕對能

成！」並且抱持著愉快的心情跑業務，你肯定會心想：「我也想成為跟前輩一樣的業務！」

給部屬的建議，也要貼合他的性格「客製化」

有很多主管會鼓勵部屬「樂觀積極的跑業務」，但他們自己在跑業務時，卻沒有表現出積極向上的心態，這樣的鼓勵沒有說服力。

特別是在當面銷售中，如果你身為前輩，就必須保持正向積極的心態，來進行銷售活動，成為部屬眼中最好的榜樣。

但遠距銷售時，主管或前輩很難將自己積極的心態，透過行動展現給部屬。因此，只讓部屬透過觀察前輩的行動來學習是不夠的，主管與部屬之間需要更加相互了解。

這時候，透過視訊進行「一對一會議」是最有效的方法之一。

在銷售領域裡，頂尖的業務員通常會被提升為團隊主管。而主管又分為兩種類型，一種是能帶領團隊取得成績的主管，另一種則是無法領導團隊達成業績的主管。

成為團隊主管後，依然能締造亮眼業績的人，大多會花時間與部屬進行一對一的會議，以清楚了解員工的煩惱。

銷售方面有各式各樣的教學方法。當主管給予部屬建議時，經常會發生「對這位部屬有用的建議，用在另一位部屬身上卻完全無效」的狀況。

只有了解每位員工的性格，主管才能給予確切的建議，而唯有能夠做到這點的主管，才能帶領團隊持續取得亮眼的成績。

傾聽，讓你成為好主管的第一步

「部屬正在為你想像不到的事情而苦惱」，主管邀請部屬進行一對一會議時，必須以此為前提。

比起無法取得業績，也許你的部屬更擔心職場上的人際關係，或是因其他出乎你意料之外的事情而煩惱。如果不解決這些問題，無論你給予多少業務指導，都無法發揮效果。

首先，你要傾聽部屬的煩惱。光是能做到這一點，你就可以成為一個頗有能力的主管。

此外，**你必須引導部屬，讓他們能主動察覺解決問題的方法**。

假設你的一位部屬陷入低潮，對商談卻步。遇到這種情況，你可能會想對這位部屬說：「你必須更積極主動，增加商談的次數！」然而，部屬在聽到主管這麼說之後，反而會努力過頭，明明想要獲得與客戶見面的機會，結果卻反而把客戶嚇跑。

當遇到這種情況時，主管可以試著問部屬：「你認為要怎麼做，才能取得成果呢？」部屬在思考片刻後，可能會自己意識到問題的解決方式，並回答：「應該是增加商談的次數吧。」比起被告知該怎麼做，自己查覺到問題的解決方法，做起事來將會更有動力。

在遠距銷售中，請透過一對一會議，與部屬密切溝通。如果你能引導部屬找到問題的解決方法，你將能成為最好的團隊領導者。

不跑業務的超業祕訣

一對一會議的前提：「部屬正在為你想像不到的事情而苦惱。」

重點整理

- 以群組分享進度與業績成果，提升團隊的士氣。
- 與其每月開一次長時間會議，不如每月開三次小會。縮短會議時間，透過會議維持員工的動力。
- 越早提交報告越好。將文件模板化，縮短寫報告的時間。
- 提升回覆訊息的速度，同時也可以提高別人對自己的信任度。
- 舉辦線上聚會，即使隔著螢幕，也可以拉近彼此的距離。
- 主管與部屬進行一對一對談，引導部屬自己思考並找出問題的答案。這樣的主管，將成為最棒的領導者。

第六章

偷懶沒人看見，
但業績會說話

43

雖然不用通勤，但你的時間比想像還要少

在當面銷售中取得成果的關鍵，是如何減少交通時間，並增加與客戶的商談次數。

我過去還在當業務員時，假設要到A區拜訪客戶，會挑選鄰近A區的其他客戶，順道一起拜訪。這種做法被稱為「區域拜訪」，是一種很有效率的方法。這麼做雖然可以增加拜訪的次數，但因為沒有事先聯絡就突然登門拜訪，所以通常進行得不是很順利。

還有另一種做法，是直接從家裡出發拜訪客戶，結束後也不回公司，直接回家。在某些情況下，這個方法可以相對節省通勤時間。

但另一方面，直接從家裡出發拜訪客戶，結束後直接回家的做法，卻也存在

一些問題。例如：公司無法實際確認員工的行動，或是容易被業務員當作偷懶的藉口等。

我過去還是一名蹩腳業務員時，只要不小心睡過頭，就會通知主管：「我今天會直接到 A 先生家施工現場確認狀況。」如果想偷懶時，就會向主管報告：「我和 B 先生結束商談後，會直接回家。」

在遠距銷售中，上述的缺點將會變得更為明顯。

你的時間，沒有你想像中的多

遠距銷售能把通勤時間減少為零，有些業務員甚至可以節省三個小時的通勤時間。這就代表能夠提升業務活動的效率，是遠距銷售最大的好處。

而且，由於是遠距進行商談，業務員可以大幅增加與客戶會面的次數。即使商談次數比當面銷售增加一倍，應該還是會有剩餘的時間。

然而，有許多業務員卻發現「**時間比想像中的還要少**」。是為什麼呢？

這是因為，**商談次數超過了業務員自身的能力範圍，導致無法保持注意力。**

如果你在無關緊要的會面上耗盡精力，導致重要的商談失敗，那麼你就無法取得理想中的成果。

假設你平常與客戶的會面次數上限是一天三次，突然間翻倍到六次的話，會發生什麼事呢？

你會無法為每位客戶做足充分的準備，導致最後全盤皆輸。

但相反的，如果商談次數太少，你就會抱著「失去這位客戶就完蛋了」的心態，導致自己太緊張而失敗，到最後仍是一場空。

如果你只考慮增加商談的次數，是完全行不通的。

沒有打卡上班、遲到，偷懶一下沒關係？

遠距銷售中，基本上並不存在「打卡上班」的概念。有些公司會根據電腦的登入紀錄，來判斷員工是否有上班。但即使晚了一點才登入，員工也可以找藉口說：「我剛剛在和客戶通電話、討論事情。」

居家辦公的情況下，並不需要工作計時卡，也不存在「遲到」的概念。

或許，有人會因此抱著「反正遠距工作沒人盯著看，偷懶也無所謂」的心態。但在遠距銷售中，抱持這樣的態度是絕對不可能有好成果的，之後下場會怎麼樣，應該也不用我多說了吧。

當然，正在閱讀此書的你，想必是不會發生這種問題的。

在下一節中，我將詳細說明如何安排和運用時間。

不跑業務的超業祕訣

過度增加商談次數，反而會讓你無法好好準備提案或簡報。

44

重要的商談，安排在還不疲倦的中午前

遠距銷售中，有亮眼成績的業務員，通常會如何安排一天的行程呢？具體來說，他們會透過什麼樣的方法提升工作效率呢？

答案是「**在頭腦清醒的時段，做重要的工作**」。

我認識的一位頂尖業務員，曾在訪談中分享他遠距銷售的一日行程，下一頁就是這位頂尖業務員一日行程表。

其中最重要的關鍵，就是「**把重要的商談，安排在還不疲倦的中午之前**」。

記得在商談之間，保留十五至三十分鐘的時間。你可以在這段時間，整理與客戶討論的內容，或是稍作休息，等待下個商談開始。

在開始感到疲倦的下午，你可以安排較輕鬆的會面和會議，或是發掘潛在客

【頂尖業務員的一日行程範例】

6:00-7:00	起床、做瑜伽
7:00-8:30	吃早餐、為上班做準備
8:30-8:45	與公司職員進行線上會議
8:45-9:45	準備提案書和報價單
9:45-10:00	做一些輕鬆的伸展運動，休息一下
10:00-10:30	與客戶A進行遠距商談（重要的客戶）
10:30-11:00	空閒時間（整理與客戶A商談的內容）
11:00-11:30	與客戶B進行遠距商談（重要的客戶）
11:30-12:00	空閒時間（整理與客戶B商談的內容）
12:00-13:00	午休
13:00-15:00	進行較輕鬆的遠距商談×2（與客戶） 進行線上會議×2（與公司職員）
15:00-15:30	休息
15:30-17:30	尋找潛在客戶、向主管報告

戶等工作。

早上辦公的效率，是晚上的三到四倍

總之，一天的工作必須「贏在起跑點」，請把「需要動腦的工作」安排在頭腦還清醒的早上時段。以下舉例一些需要動腦思考的工作，例如：

- 撰寫文章。
- 製作提案書和報價單。
- 思考新的構想和企劃。

在一大早做以上這些工作，是最有效率的。我個人的感覺是，**在早上做這些工作，效率會比晚上高上三到四倍**。

如果一早就順利完成重要的工作，你將充滿成就感，且動力也會隨之提升。

為一整天打造一個好的開始，對之後與客戶進行商談也會帶來好的影響。

在遠距銷售成為主流的現代，並不像以前一樣必須通勤打卡，這代表我們進入了一個可以自行決定工作時間的時代。盡量將工作安排在頭腦清醒且精神飽滿的早上，而不是在疲倦和效率低下的晚上工作。

不跑業務的超業祕訣

早上安排重要的工作及商談，下午開始疲倦時，則安排較輕鬆的會議。

45

記得，買張好椅子

我過去還在當業務員時，一位前輩曾跟我說：「如果想成為一名成功的業務員，就必須花錢買雙好鞋子。」

花錢在鞋子上，有兩個原因。

第一個原因是，鞋子帶給客戶的印象。許多人都說：「看一個人穿的鞋，就知道對方是個什麼樣的人。」鞋子對於人們第一印象的影響，是非常大的。

當客戶與一名業務員見面，發現對方穿的鞋子很骯髒時，不免會心想：「這個人好像沒什麼能力。」但如果客戶發現，業務員穿著高檔且保養良好的鞋子，對他的好感度必定會有所提升。

第二個原因是，一雙製作精良的好鞋，能讓你的雙腳在長時間跑業務的過程中，不感到疲憊。如果你的鞋子是訂製的，你一定會感受到其中的差異。當面銷售中，甚至有「用雙腳賺錢」的說法。因此，鞋子的功能也是重要的考量之一。

但在遠距銷售中，有一樣東西必須比鞋子花更多的錢，那就是「椅子」。想在遠距銷售中有更好的發揮，挑選一把好的辦公椅非常重要，就如同一張床與良好的睡眠息息相關一樣。如果長時間坐在不適合自己的廉價座椅上，會給身體帶來負擔，並導致腰痛、肩膀僵硬和頸部疼痛等問題。

雖然說，電腦和辦公桌也是遠距銷售的重要工具之一，但我認為**遠距工作者，更應該花錢在長時間支撐人體的座椅上**。

買張好椅子，絕對值得

過去，我其實也不在乎坐什麼樣的座椅，因此一直是使用數千日圓的廉價組合式座椅。

但一位從事自由工作業的朋友告訴我：「如果經常做電腦相關工作，最好買一把好的座椅。」便向我推薦了一把名為「Aeron Chair」（按：美國赫曼米勒〔Herman Miller〕公司旗下生產的一款辦公座椅），要價十萬日圓以上的座椅。雖然那時的我心想：「花十萬日圓買一把座椅，也太誇張了吧……。」但由於那陣子我正好扭傷了腰，所以開始認真考慮購買一把好的座椅。

擔心在網路上購買，可能會事後才發現椅子坐起來不合，因此，我實際去了一家家具店，確認座椅的觸感。

最後，我並沒有買Aeron Chair，而是買了一把品牌名為「Bauhutte」（按：日本電競家具品牌）的椅子。該品牌的座椅以「遊戲玩家愛用椅」聞名，是我覺得坐起來最舒服的椅子。

即使長時間坐在這張座椅上，也不會讓我感到疲累，最重要的是，我的腰再也不會因久坐而受傷了。

買這把座椅真的是非常划算，我甚至還會想：「為什麼我沒有早點買它？」

有些業務員的家裡可能沒有書房，所以是坐在客廳桌子前的普通椅子上工作。假如你還不想花太多錢買座椅，或許也可以嘗試，先使用符合人體工學的辦公椅墊。

在還沒購買現在的座椅之前，我曾經使用過符合人體工學的辦公椅墊。雖然椅墊的舒適度，無法與現在的座椅相比，但總比什麼都沒用來的好。椅墊的價格大約在三千至五千日圓之間，是很合理的價格。

在遠距銷售中，請多投資一些錢在座椅上，我保證你會得到超乎你想像的效果。找到一把適合自己的座椅，讓自己能舒適愉快的工作吧！

不跑業務的超業祕訣

買一把適合自己的座椅，工作更舒適、減少久坐傷害。

46 不要一直坐著，站起來多走走

撰寫要提交給客戶的提案時，你是否曾在途中卡住、陷入沉思呢？

在公司時，大多數人會坐在辦公桌前，瞪著電腦螢幕思考。即使你想出去轉換一下心情，但如果主管就在附近，你也很難開口說「我想要出去休息一下」。

在這種情況下，我們很容易就一直待在電腦前，絞盡腦汁、試圖擠出一些想法。但是，這麼做的效率其實非常低。

我基本上都在家上班，而且每天都會用電腦做一些工作，例如：撰寫文字稿、製作資料、寫部落格、準備在課堂上使用的投影片資料等。雖然我每天都會使用電腦，但使用時間並不是很長，坐在辦公桌前的時間應該算很短的。

每當我寫到一半卡住時，我不會只是坐在電腦前想著：「唉，不知道要寫什麼。」而是會起身離開電腦。有時我會洗個臉、刷個牙，或是在房間內四處走動休息一下。

不可思議的是，明明只是離開電腦一會兒，腦中卻經常會浮現出意想不到的好點子。

在撰寫文章等創造性的工作中，構思「要寫什麼」的時間，往往會比實際執筆的時間還要長很多。但只要你有一個好的想法，就能夠縮短實際工作的時間。

書寫時，你需要坐在辦公桌前。但思考時，則不一定要坐在電腦前。有時遠離電腦，反而能讓你獲得更好的靈感，寫出好的文章。

離開辦公桌，反而能想到好點子

你在公司上班時，因為要去拜訪客戶、被老闆叫去問話、接受同事或部屬的諮詢、參加公司內的會議等，你不得不離開座位、站起來走動。雖然，做這些事會打斷自己的注意力，但離開辦公桌，有時反而能浮現出意想不到的好點子。

然而，在遠距工作中，並不存在上述這些會打斷你思考的事情。因此，有時當你回過神來，會驚覺「我已經在電腦前坐了好幾個小時了」。為了避免這種情況發生，你必須不時提醒自己站起來走一走。

以我來說，我會把坐下來工作的時間，控制在五十分鐘左右，並將洗臉和刷牙等活動，穿插在工作中進行。你可以試著做一些如上述般的日常活動，又或者是做簡單的運動，像是伏地挺身或伸展運動等。

你可以事先決定好，要在工作中穿插什麼樣的活動。比方說，在家裡四處走動，讓自己暫時遠離辦公桌。或者是出門去便利商店買點心，也是不錯的做法。**安排只需要花三到五分鐘就能完成的活動，這短短幾分鐘的休息，將能大幅提升你後續工作的品質與效率。**

最近也有些手機應用程式，能在使用者坐著一個小時後響鈴提醒，這也是個不錯的方法。

如果你經常坐在電腦前、死盯著螢幕，工作卻沒進展的話，請務必嘗試上述的方法。

適度的放鬆和轉換心情，是遠距銷售的關鍵。不要一直坐在辦公桌前，適時舒展身體，工作會更有效率。

不跑業務的超業祕訣

工作中穿插三至五分鐘的活動時間，更能提升效率。

47

不要變胖，客戶會覺得你連自己都管不好

新冠肺炎疫情稍微消退後，每當我遇到業務員，他們總是會跟我說：「遠距銷售真的好困難。」與其說他們不懂遠距銷售的方法，不如說他們對「如何管理自己」感到困惑。

因為遠距銷售時，業務員的時間是自由的。「自由」聽起來似乎很棒，但自由總是伴隨著責任，業務員必須控制自己何時工作、何時休息。

其中，最讓人頭痛的就是「運動不足」。我的一位業務員朋友，自從開始遠距銷售後，已經胖了整整十公斤。

過去採用當面銷售的方式，即使業務員不想運動，也必須在外面跑業務。身為公司職員，也一定要到公司上班，無論是坐捷運或開車，某種程度上還是需要

走路，平時在公司內也需要起來走動。雖然一天走多少路是因人而異，但一位業務員每天大約步行七千至八千步。

根據日本厚生勞動省（按：相當於衛生福利部與勞動部的綜合體）的數據統計，成年男性每天行走的平均步數約為七千步。其實我們在不知不覺中，走了很多路。

變胖，讓人覺得你連自己都管不好

但是，開始遠距工作後，外出的機會理所當然就減少了。

我曾經用手機測量過我的步數，整天待在家工作，我的步數一天居然不到一千步。有時，甚至會發現步數不到以前的十分之一。

此外，有些業務員會吃零食來提神，再加上缺乏運動，那也難怪會發胖了。

大家都知道發胖對健康沒有好處。但**身為業務員，肥胖最致命的是「讓自己的外觀變糟」**。

如果客戶與你見過很多次面，即使隔著螢幕也能看出你變胖了。就算你的工作做得再好，但只要身材一肥胖，客戶就會心想：「這名業務員居然連自我管理都做不好」，而容易對你抱有負面印象。如果因為身材肥胖，而降低客戶對自己的好感度，那就太可惜了。

此外，如果被主管發現自己發胖，還可能被懷疑：「你是不是偷懶才變胖？」肥胖真的是沒有任何好處。

覺得累就躺下，反而更累

如果你想要長久從事遠距銷售的工作，那就必須養成健康的習慣。

我在家工作了很多年，嘗試過各種不同的休息方法。**其中，我覺得最糟糕的方法，就是因為「覺得有點累」，所以倒在床上或沙發上休息**。這時，如果還一邊看電視或玩手機，那簡直是雪上加霜。

只是懶散的躺在床上或沙發上，並不能幫你消除疲勞。相反的，你會變得更累，躺著休息，會讓你更不想起身繼續工作。

其實，**運動反而能消除疲勞，並重新獲得動力**。以下是一些你也可以試試看的輕鬆運動。

- 出門步行十分鐘左右。
- 做伸展運動，或輕度的重量訓練。
- 在蹦床上跳躍三分鐘。

以我來說，步行十分鐘大約是一千步左右。我每天會外出步行兩次，並搭配伸展運動或輕度的重量訓練，這算是不小的運動量了。

如果你每天都做不同的運動，就不會感到厭煩，並能養成運動的習慣。這可以幫助你在工作時提高專注力，也能維持身材。

想在遠距銷售中獲得成功，訣竅就是「適時休息並做點運動」。什麼樣的運動都可以，請找出一種自己喜歡的運動方式。

不跑業務的超業祕訣

休息時做運動，不僅能消除疲勞，還可以維持身材。

48 找一件喜歡的事，當作獎勵

「如何維持動力」是一項重要的工作課題。

業務員的動力與銷售成績直接相關，如果你的主管對你說：「你這個月的業績可別再掛零了！」你可能會因此產生幹勁；看到同事的業績有所成長，可能也會讓你萌生「我也要加油」的想法。在當面銷售中，有許多契機能自然激發人的動力。

但在遠距銷售中，上述這些機會將會減少，因此，你需要想辦法維持自己的工作熱情。

在這種情況下，如果你還是像當面銷售時一樣，認為「只要有幹勁總會有辦法」，這樣是非常危險的。

開始遠距銷售後，儘管你會試著激勵自己，實際上卻很難有成效。其實，**與其靠著毅力蠻幹，還不如找出能夠激勵自己的事物，來提高自身的工作動力。**

和我一起工作過的心理醫生告訴我：「每當入冬後，憂鬱的人就會增加。」造成這種情況的原因有很多，但最主要的原因是「體溫難以上升」。

據說人的動力和精神狀況，與體溫和心跳數成正比。換句話說，**如果你強迫自己的身體運動，體溫和心跳數就會上升，並自動提升動力。**

當人的體溫和心跳數在運動後上升，就不太容易陷入沮喪、壓抑的情緒，這是一種任何人都能理解的感覺。

完成工作後，吃個點心獎勵自己

了解人體的機制，可以幫助你在情緒低落時轉換心情。

假設你的提案被客戶拒絕。這時，如果你縮在椅子上、看著地板，深深嘆一口氣，暗自煩惱一段時間後，你的心情會有什麼改變呢？

你只會變得越來越沮喪而已。

這種時候，動一動身體是最好的。你可以試著做一些能夠暖和身體和提高心跳數的運動。

有時，當我在工作中犯錯或失敗時，我會做十次的伏地挺身。當我在做伏地挺身時，我的頭腦是放空的。在我做完運動後，心情自然就會變好，讓我感覺更有衝勁。

但是，可能有人會說「我不擅長運動，就算運動了也無法提升動力」。

如果你是這樣的人，那就不必只局限在運動上，我推薦你採用獎勵策略，像是完成工作後，就吃自己喜歡的東西。

以下是獎勵策略的參考範例。

- 完成困難的工作後，吃個小點心。
- 提交一份企劃書後，查看自己喜歡的藝人的社群網站。
- 完成提案書或報價單後，觀看十分鐘喜歡的影片。

我喜歡一邊吃巧克力、一邊喝咖啡，所以我會把它當作是一種獎勵，激勵自己：「完成這個工作後，我要喝咖啡和吃巧克力！」

我認識的業務員中，也有些人會透過聽自己喜歡的歌，或是玩一下手機遊戲，來提升自己的動力。

遠距銷售雖然也可以靠幹勁去拚，但當你需要激勵自己時，使用上述的方法是很有效果的。

不跑業務的超業祕訣

完成工作後，做一件喜歡的事，維持自己的動力。

重點整理

- 遠距銷售減少通勤時間，能增加商談次數，但不代表就能得到相應數量的業績。
- 在頭腦清醒的時段，做需要動腦的工作。重要的商談，安排在還不疲倦的中午之前。
- 在遠距銷售中，一把好座椅是業務員的最佳夥伴。
- 當腦中沒有好的想法時，試著起來走動、做一些輕鬆的運動。坐著工作的時間，盡量控制在五十分鐘左右。
- 身體就是資本，養成步行十分鐘等保持身材與有益健康的好習慣。
- 單靠毅力工作是有其限度的。將運動或獎勵化為一種習慣，以合理且科學的方式提升自己的動力。

後記
切忌焦急，每一筆成交都在等待最好的時機

感謝你閱讀到最後。本書將焦點放在當面銷售與遠距銷售之間的差異性，並且整理出適用於遠距銷售的四十八個法則。

世界加速變遷，終將邁向業務數位化的時代，這是不爭的事實。為了利用遠距銷售，締造出亮眼的業績，學習相關知識技能就顯得更加重要。

只不過，在進行相關業務活動時，也有個值得注意的重點。

那就是「**不要太急於看到成果**」。

有些能在面對面銷售中耐心等待結果的人，轉換為遠端銷售，卻會變得特別心急。

我想，這是因為在寄出行銷信之後，期待客戶能夠馬上回信，也希望能夠盡

快透過遠距商談整理出結論。此外，在社群媒體或部落格發文後，也會想馬上看到按讚數或瀏覽人數增加。

充滿數位工具的環境，讓我們習慣快速、即時的往來，卻也因此容易失去耐心，而會因為想趕快看到結果感到焦急。

但是，任何事情，都有最適合的時機點。

以業務活動來說，即使寄同一封信給同一位客戶，在一個月前，對方可能會感到困擾：「我不需要這些資訊！」但在一個月後，卻可能又會覺得：「這消息來得正好！」甚至對業務員表達感謝之意。

遠距銷售切忌焦急。你不妨透過各種方式接觸客戶，花點時間建立雙方良好的信任關係。寄給客戶能派上用場的情報，主動表示「還有這樣的方案」，逐步建立一份細水長流的交情。

只要建立起信任關係，當客戶打算認真做出選擇時，一定會優先將你列入考慮的範圍。這個時候，就是你最好的機會了，請拿出所有的真本事。

還不習慣遠距銷售的性質時，你或許會擔心：「這樣做，真的能獲得成果嗎？」但是，只要實踐本書提供的方法和思考模式，你一定能夠等到風向轉變的時機點。

請相信這點，持續付出行動，你得到的或許會比想像中的還要多。在此，我打從心底祝福你，能夠收穫成功的果實。

最後，請讓我在此向河出書房新社的編輯江川先生表達感謝之意。執筆本書的契機，就來自江川先生向我提議：「要不要比較當面銷售與遠距銷售之間的不同？」這兩者的對比，成為本書與其他遠距銷售書籍的區隔，也促成書中獨特的內容。

同時，也感謝對我出版的新書總是相當捧場，來自部落格和電子報的讀者們。真的非常感謝各位的支持。

最後，是對家人的感謝。一直以來，真的非常謝謝你們。

國家圖書館出版品預行編目（CIP）資料

不跑業務的超業：努力跑客戶就會有業績的時代，已經結束，想讓業績更快翻倍，你需要事半功倍的遠距銷售法則！／菊原智明著；林佑純譯. -- 初版. -- 臺北市：大是文化有限公司，2022.03
256 面；14.8×21 公分. --（Biz ; 389）
譯自：リモート営業で結果を出す人の48のルール
ISBN 978-626-7041-85-7（平裝）

1. 銷售　2. 行銷策略　3. 網路行銷

496　　110021381

Biz 389

不跑業務的超業

努力跑客戶就會有業績的時代，已經結束，
想讓業績更快翻倍，你需要事半功倍的遠距銷售法則！

作　　者／菊原智明
譯　　者／林佑純
責任編輯／連珮祺
校對編輯／林盈廷
美術編輯／林彥君
副 主 編／馬祥芬
副總編輯／顏惠君
總 編 輯／吳依瑋
發 行 人／徐仲秋
會計助理／李秀娟
會　　計／許鳳雪
版權專員／劉宗德
版權經理／郝麗珍
行銷企劃／徐千晴
業務助理／李秀蕙
業務專員／馬絮盈、留婉茹
業務經理／林裕安
總 經 理／陳絜吾

出 版 者／大是文化有限公司
臺北市 100 衡陽路 7 號 8 樓
編輯部電話：（02）23757911　購書相關諮詢請洽：（02）23757911 分機 122
24小時讀者服務傳真：（02）23756999　讀者服務E-mail：haom@ms28.hinet.net
郵政劃撥帳號／19983366　戶名／大是文化有限公司

法律顧問／永然聯合法律事務所
香港發行／豐達出版發行有限公司 Rich Publishing & Distribution Ltd
地址：香港柴灣永泰道 70 號柴灣工業城第 2 期 1805 室
Unit 1805, Ph.2, Chai Wan Ind City, 70 Wing Tai Rd, Chai Wan, Hong Kong
電話：21726513　傳真：21724355　E-mail：cary@subseasy.com.hk

封面設計／林雯瑛　內頁排版／江慧雯
印　　刷／鴻霖印刷傳媒股份有限公司

出版日期／2022年3月初版
定　　價／新臺幣390元（缺頁或裝訂錯誤的書，請寄回更換）
I S B N／978-626-7041-85-7
電子書ISBN／9786267041864（PDF）
9786267041871（EPUB）